教育部高职高专规划教材

室内装饰形态构成

（环境艺术设计专业适用）

中国美术学院艺术设计职业技术学院

周崇涨　编著

中国建筑工业出版社

图书在版编目（CIP）数据

室内装饰形态构成/周崇涨编著. —北京：中国建筑
工业出版社，2002
教育部高职高专规划教材
ISBN 978-7-112-04837-3

Ⅰ．室…　Ⅱ．周…　Ⅲ．室内装饰-建筑设计-高
等学校：技术学校-教材　Ⅳ．TU238

中国版本图书馆 CIP 数据核字（2002）第 034053 号

　　本书共分六章，主要内容包括：装饰形态美的来源、装饰形态的原理
与法则、传统装饰形态、现代装饰形态构成、形态色彩构成、装饰形态构
成的应用。

　　本书可作为高职高专环境艺术设计专业教材使用，也可供环艺设计人
员阅读参考。

教育部高职高专规划教材
室内装饰形态构成
（环境艺术设计专业适用）
中国美术学院艺术设计职业技术学院
周崇涨　编著
中国建筑工业出版社出版、发行（北京西郊百万庄）
各地新华书店、建筑书店经销
廊坊市海涛印刷有限公司印刷
*
开本：787×1092 毫米　1/16　印张：4¼　插页：18　字数：105 千字
2002 年 6 月第一版　2015 年 1 月第二次印刷
定价：**26.00** 元
ISBN 978-7-112-04837-3
（10315）

概　　述

在科学技术不断进步的今天，人们的生活习惯和审美心理发生了巨大的变化，这种变化深刻影响着人们的居住环境，由于生活习惯的改变，人们对环境装饰提出了更新、更高的要求。目前，室内装饰设计正经历着一场深刻变革。特别是 20 世纪以来，装饰受着各种艺术思潮的冲击，传统的装饰设计从基本概念到设计样式都发生了变异。面对观念亟需变化的今天，只有在继承优秀文化遗产的同时，借鉴国外先进的设计理念，才能在设计上求得创新。

创新，是个永恒的主题，设计创新是时代的呼唤，是人类物质基础得到满足后的精神需求，也是社会发展的必然趋势。因此，如何在继承传统的基础上，进行装饰形态设计研究，从而找出装饰形态设计与时代风格的内在联系，这已成为装饰形态构成积极探讨的基本课题之一。

何谓装饰？泛指在物体的表面加些附属的东西，使其美观，这是装饰的基本定义。人类初始阶段，装饰就同人类朝夕相处，相伴而生。在漫长的历史发展过程中，装饰有着广泛的内容和形式。早在原始社会就萌生了装饰自身和装饰生活的审美活动，他们在采集、渔猎过程中把贝壳和兽骨等物连接成串，挂于颈部；有的部落还喜欢用神秘色彩的装饰符号进行纹面纹身，美化自己。人类在装饰自身的过程中也装饰着自己的生活，在仰韶文化（距今约六七千年）的大地湾遗址中，已发现绘制在地面的彩画，在齐家文化（距今约五千年前）的许多遗址中，也发现了不止一处在墙上彩绘的装饰纹样遗存，从原始的彩陶制品和稍后的青铜器装饰纹样上可以想见，当时用于建筑室内的装饰可能已相当可观了。随着人类文明的进步，随着装饰内容和形式不断地更新，不用说几百年几千年，就是几十年也会发生巨大的变化。原因很简单，科学技术的发展使人的视野急速扩大，人们对自己生存环境以外的世界增加了更多的新认识，这大大地改变了人们的时间和空间概念。

装饰艺术的创作与欣赏，由于观察、认识、理解、判断的不同，表现也大异其趣。

形态构成的概念来自于西方的现代设计理论，它所研究的对象是形态的创造规律，具体来说是造型的物理规律和知觉形态的心理规律。构成在现代艺术设计领域，广义上其意思与造型相同，狭义上是组合的意思。就形态而言，我们通常理解为可知的形象或形状，在设计活动中，一个纯粹的形态是怎样被创造出来的？怎样的形态才具有特定的美感？我们认为形态的创造通常有三种方式：一是模仿，二是变形，三是构成，三者均为人类的创作形式，是很难将其截然分开的。另外，形态美感和视觉经验是密不可分的，王朝闻认为"美的事物一般要求符合自然规律的形式，不违背官能快感"。因为人类的创造能力是以吸收力、记忆力、判断力、想像力为基础的，所以美的形态不是天上掉下来的，也不是人的头脑中固有的，它从方法到表现都以自然与生活为依据，通过人的主观意识表现出来的。

在设计史和近代的造型史上，设计和

造型两者无论从形式上看还是从造型的观念上看，都是以创作冲动为共同的出发点。勿需讳言：形态构成发端于造型艺术运动的构成主义，继而逐步完善理论构架。正像现代艺术不是突然出现的，而是在几百年的过程中逐渐演变而来一样，形态构成基本理论的发端也可以追溯到上一世纪。20世纪初，阿列克赛·甘（Aleksei Gan 1989—1942）于1922年出版的小册子《构成主义》最早系统地阐述了构成主义思想体系，他说："构图、质感、结构是构成主义的三个原理。结构，标志制作过程和视觉组织法则的探索。"包豪斯时期把构成纳入设计教育中，随后美国、日本等国从事构成研究的专家也逐渐增多，慢慢形成了一套完整的理论体系，在现代设计教育中被充分重视。构成学自发端至今已有近百年的历史，上个世纪以来发达国家的设计教育已发生了重大变化，如法国构成就不设独立课程，而是将构成的这些理论与法则渗透到平时的设计训练中，而在日本更

是把构成教育推入到中小学美术课之中。

对于装饰形态构成教育，可分为不同的层次来进行，高层次的如研究生教学可以把构成作为科学的体系来研究，而大学的教学则可以与专业结合，有所选择的来学习，并根据学制的需要进行课程的重新设计，重新编排课程内容。这样对于装饰形态构成的把握以及与专业的相结合才会找到一个更合适的切入点。

装饰形态构成是整体设计的一个重要内容，包括建筑装饰、工业产品设计、服装设计、文化用品设计以及旅游纪念品设计等。作为设计的基础，本书从环艺室内的角度出发介绍装饰形态美的来源，传统装饰形态的特点，现代形态构成的基本理论知识，以及装饰形态构成的应用等知识。在编排上力求找出不同装饰形态构成的相同点，从实际出发，尽量做到循序渐进，图文并茂，如能给读者以耳目一新之感，那正是作者的初衷。

目　　录

第一章　装饰形态美的来源

每当我们发觉自然界里存在着规律性，我们便会本能地感到惊讶。有时我们在树林中散步，视线会被排列成非常完美的环形的蘑菇所吸引；会从散乱的铁屑在磁场里受到磁力的作用而排列成有规律的图案中得到启发；也会从运行的星体到大海的浪花，从奇妙的结晶体中，从有丰富秩序的花朵、贝壳和羽毛中感到自然界的无限魅力。

这些自然界的奇特形象在日常生活中不胜枚举，只有对自然形态结构的深入了解和细微观察，我们才会有丰富的艺术想像力，才能把握表现自然的形态美。

第一节　自然形态的选择

自然形态泛指一切有机物和无机物存在的状态，是人们可以感知并具体存在的自然现象和物质形态。如雷、电、云、雾、山、水、天体、作物以及工业产品、建筑、交通工具等。在造型艺术中把这些称为自然形态。

一、　用装饰的眼光审视自然形态

一切设计的原理和因素都来源于自然的启示，装饰的特性决定了观察方式的特殊性。这种观察的方式不是一般意义上的观察和辨识，也不是通常绘画上所说的整体的观察。装饰形态构成设计要求我们以特殊的方式观察、审视自然物象，并以特殊的思维方式将获得的自然形态进行艺术处理，从规律上把握自然形态，并超越自然形态的表象。就其观察方法而言：一是从自然物象的内部组织结构入手，认识其结构规律。例如把卷心菜对半切开，其切面将呈现非常有趣的形（图1-1）。又如从花卉中分解出花蕊、花瓣、花蒂及枝叶的基本形态，以便在设计中进行有规律的重构（图1-2）。二是从自然表象相互关系上，获得形式结构上的启示。比如，从天体的气流中发现流动对称

图1-1　　　　　　　　　　　图1-2　　　　　　　　图1-3

图1-1　菜心有趣的形
图1-2　有规律的花蕊造型
图1-3　贝壳花纹的重构

的形式；在贝壳的花纹上，找出单一形态的秩序化排列组合（图1-3）；从热闹的集市中提炼出密集的概念；从飘落的羽毛中，看到那单纯或飘动的曲线；从森林千奇百怪的树木上，找到艺术的肌理美；从鹅卵石有趣的花纹上，看出那充满韵味的形式节奏等等。三是从自然形态中获得装饰的意向。抽象的形态、明暗、空间色彩、肌理的共生状态，往往会给人以视觉影响和心理启示，给人的心理造成审美的想像。凡是有过此类视觉体验的人大多会有这样的感觉经历：在苦苦思索和寻觅中，突然会被生活中的一个事物，一种现象所吸引并从中发现美的形式和结构规律。

二、　用装饰的手段选择自然形态

要使自然的形态变化成装饰性的形态，必须通过艺术家独特的视角和独特的手段来实现，初学者要掌握这些需要从写生到变化，从而实现装饰形态的目的。

（一）用写生手段过渡训练

装饰是对装饰主体的美化加工，通过艺术加工美化，达到内容和形式的高度统一。装饰的手段不同于绘画的"一对一"写生，也不能完全靠主观臆想，初涉装饰形态创造可以从绘画性写生过渡这一手段对具象形态进行选择。

（1）线描。以线造型，结构性强，表现细腻，近似中国画的"白描"（图1-4）。形态选择可以是完整的、局部的、特写分解的，是抓形态特征最为理想的手段。

（2）光影素描。以虚实明暗表现形态特征，也可以借助工具纸质的不同表现具象形态的外在表象，有助于对空间的理解（图1-5）。

（3）复色写生。运用色彩的原理、绘画的手段、图案的形式表现具象特征，具有较强的绘画性（图1-6）。

以上几种方法都是对具象形态进行比较真实的描绘，对初学装饰形态变化者是过渡的有效训练手段，开始易于接受，但这个"选择"不是终极目标。

（二）用归纳手段训练

装饰的归纳手段优选具象形态，就是要摆脱纯自然的束缚，有别于绘画的真实描绘。按归纳手段获取的自然形态，已具备装饰美的特征（图1-7）。

1. 影像方法

具象形态从三维空间压缩成为只有外轮廓特征的二维空间的剪影形象，此方法在民间的剪纸、皮影、蓝印花布等方面得到了广

图1-4　　　　　　　　　图1-5

图1-6　　　　　　　　　图1-7

图1-4　国画白描写生

图1-5　风景素描（列宾作）

图1-6　复色写生

图1-7　剪纸人物造型

泛运用。就具象形态而言，影像方法最大特征是形神高度简化合一，化杂乱为条理，化真实为夸张。在条理中不失自然之趣，在夸张中不失物象之特征（图1-8）。

2. 黑白灰方法

黑白灰在色彩语言中，它突出明度的变化。黑白灰属无色彩的系列。用黑白灰去选择自然形态，省略了阳光下复杂的色彩关系，简化了形与形之间色彩层次空间，代之以黑白灰关系造型取材，更接近装饰设计思维的形态（图1-9）。

3. 单色方法

单色方法可以把自然对象看成是单一的色彩，犹如人们透过有色玻璃去看自然对象，这在摄影作品中有较多表现。在装饰图案的归纳方法中，通过一种色彩的不同明度表现对象，把复杂的物象的色彩关系，转变为单一色调（如蓝色系统或绿色系统）。此外同一种对象的形态，可以改换成不同的单色调，而获得不同的效果。

4. 限色方法

限色方法是限定几个色相（三种或五种）去归纳表现自然形态。它不是色彩的自然写生，而是在创造意识主导下，运用主观限定的色彩去归纳繁杂的自然形态，具有较强的装饰意味。

图1-8　　　　　　　　图1-9

图1-8　影像方法
图1-9　黑白灰方法

第二节　自然形态变化

一、　自然形态变化的意义

来自于自然的形态，一般只具有形态的物质性，任何自然形态一旦被作为装饰形态来运用，就必须经过"变化"，其原因是：

（1）自然形态受功能限制，要适合不同的使用目的，不同装饰用途的要求。

（2）受工艺制作的限制，要符合各种形态的加工生产制作要求，同一种自然形态因工艺制作不同有不同的形态变化。

（3）受材料质地的限制，要符合不同材质如硬软、粗细等的限制。

（4）审美条件的限制，要符合当代文化与审美观念的要求。

自然形态变化是装饰形态获得的必要环节，自然形态为写生提供素材，写生为变化做准备，变化必须依赖写生所得。广义地说，这一过程包含着艺术家创作的全部过程。

二、　如何进行自然形态变化

任何艺术形式对创作的素材一定是通过精选，加工而成的。需要把生活素材转换为艺术的素材，对装饰而言，从自然形转为装饰形也有一个转换的过程，也需要把写实处理演化为装饰处理，使形象既概括又生动（图1-10、1-11）。

装饰形态是在制约因素的规范下变化出来的。常听人说：画家的创作是自由的，想怎么画就怎么画，而设计家的创作是有条件的，不自由的。殊不知这种限定条件反过来还会产生没有这限定条件时绝对不能创造出来的形态。这些限定的条件也是构成装饰形态的特征所在。如果说"写生"是

第一稿1945年12月5日　第二稿1945年12月12日

第三稿1945年12月18日　第四稿1945年12月22日

第五稿1945年12月24日　第六稿1945年12月26日

第七稿1945年12月28日　第八稿1946年1月2日

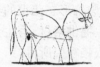

第九稿1946年1月5日　第十稿1946年1月10日

第十一稿1946年1月17日

图 1-10

图 1-11

对自然对象客观描述的话，那么写生后的变化则是对自然对象的主观表现。具体变化规律大至归纳为：

（一）简化形态

自然总是千姿百态，变化无穷的，没有经过人为加工的自然形态总是缺乏装饰的美感，清代的郑板桥在总结画竹经验时，提出："删繁就简三秋树"，"沉繁削尽苗清瘦"，这些经验对于学习装饰的人是很值得借鉴的。这些虽然不是指形态变化的规律，但说明一个道理：就是删繁留简便于把握形态的特征。采用减法是对自然加工的一个重要手段，通过减法去掉多余的东西，自然形态得到了概括，才有了自然形态的大形特征（图1-12）。

（二）规则条理

自然界的任何物体形态都是可以规律化、条理化的。所谓条理形态，就是使散乱无序的东西顺理成章。对于繁杂的给

图 1-12

图 1-10　毕加索牛的变化过程
图 1-11　蝴蝶和鸟的变化过程
图 1-12　树的简化之各种手法

图 1-14

图 1-13

图 1-15　　　　　　图 1-16

以归类，对过于呆板的予以变化。如雪花构形，当水开始结冰时，某些规律制约着水分子，使水分子变化成六角形和针状结晶，以此规律去规范所表现的雪花图案，就有章可循。又如菊花，其花瓣有的形如放射的风车，有的形如绳丝乱麻，在抓特征进行条理时，可取其特征之外形和分解其局部花瓣，以一定的形式和手段按规律顺序排列可以获得理想的装饰菊花构形。

（三）夸张变形

对于装饰艺术仅仅是如实描写是不够的，"夸张"是艺术的一个重要手段，装饰艺术离不开夸张，夸张是艺术的强化，是情之所至，是对真实感受的极大程度的膨化。夸张是为了突出形象的最大特征，夸张也是为了限制甚至删减无关的附属物。如形态的夸张是突出自然形态中最本质最典型的部分，用超自然的比例、尺度、色彩等手段，使之更集中更典型生动，更具图案装饰美。作者要善于抓住最为显著的特点予以合理夸大，这合理性并不一定是

合乎生活逻辑，而是艺术上的合乎情理，要达到夸张的目的，就必须对原形进行变形，夸张和变形都有一个程度和适度的问题，合理的夸张和变形，会大大地加强艺术的感染力（图 1-14、1-15）。庞薰琹先生在论及变形时，他指出："在我国装饰画上，没有不写实的变形，也没有不变形的写实"，"变是为了取得画面上的协调，变是为了求得更美好的艺术效果，变往往是更典型的描写和更概括的表现，变也是求简的一种艺术手法"。

（四）虚实互补

在装饰形态变化中，有个重要手段即虚实互补。实为图，虚为地，图以地而在，地因图而生，二者互相依托，相互补充，我国的"太极图"就是虚实互补的典范之作（图 1-16）。这虚与实犹如围棋的黑白子相互

图1-13　羊群的规则条理构形
图1-14、1-15　熊的两种夸张变形
图1-16　太极图

对阵，黑被白包围，白同样被黑包围，才构成精彩的对局，它们双方都是同等重要。在装饰形态变化中运用好虚实的关系，才能使形态富有表现力和美感（图1-17、1-18）。

图1-17

图1-18

第三节　抽象形态提炼

具象与抽象形态，是装饰形态构成的两大组成部分。具象形态是靠自律生成，抽象形态的他律也是从自然形态的生成中提炼出来的。对于人类文明来说，具象形态和抽象形态都是智慧与创造活动不可缺少的因素。有了这些因素，人类科学与文化旅程才能达到今天的境地。

一、什么是抽象形态

抽象形态属于概念形态，在不列颠百科全书中解释为："把许多事物所具有的一个共同的因素分离出来或者阐明它们所具有的一种关系的心理过程。"举一个通俗的例子，"人"便是抽象名词，它是把所有人类区别于其他物类的共同因素进行抽象思维后得出的结果。由此而引申，如果是画一个人，尤其是经过变形的人或儿童们凭着最单纯的认识而画的人，不像某个具体的人，则同样是抽象思维的结果。抽象是对物体的反映，是一个深化"提取"，是高度升华本质特征获得的概念。对艺术形态的抽象来说，它是对"具象"相对而言，并非是虚无的或不可思议的。看不见的事物形态，虽然不确切表现特定的具体形象，但它能表现更深的思维所提取的概念"意象"。在造物历史中，几何形态以及非几何形态的意象符号设计，或具象的升华变导都具有"抽象"形态的属性（图1-19、1-20）。

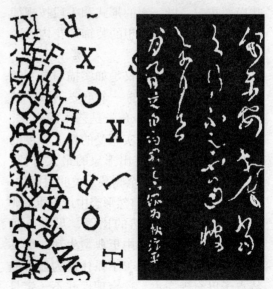

图1-19

图1-17、1-18　图和地的关系
图1-19　字体的组合构成了不同的抽象形态

图 1-20

近年来，在对图案的教学中，有人提出："写生变化"属于归纳性的单向思维，需要发展为多向思维。其实，"写生变化"并非单向思维，"变化"本身就具备发散思维的特征，"变化"即夸张变形，把夸张变形的发散思维走到终点，就必然产生抽象形态。

二、概念元素和几何形态

（一）概念元素

概念元素是自然形态和抽象形态的最基本因素，主要是指点、线、面、体等纯概念的形态。点是可视形象中最基本的元素，点的运动轨迹产生线，线作横向运动形成

面。纯粹点、线、面的组合，也可以表达一定的内容，如书法艺术，人们能够欣赏草书，但不一定是它的文字内容。点、线、面的自由组合，足以产生许多有意义的形态（图1-21、1-22）。

（二）几何形态

以概念元素为基础，通过一定制作原理，所构成不同装饰目的的图案叫几何形态。正因为其构成形式的严密性，有规可循，容易复制生产等原因，在我国传统艺术中得到了广泛应用，如民族民间的挑花、织锦以及建筑装饰、门窗花格、地面花砖等。几何形态虽然利用几何和数学的某些原理，但毕竟还是观念形态，属视觉艺术范畴，它的形成和发展与人类生活生产、科学文化、宗教观念等有着直接的联系。在我国，几何纹早在原始彩陶上就曾大量出现（图1-23），在商周以后的青铜

图 1-23

图 1-21

图 1-22

图 1-24

图1-20　"心"形的图案构成"心花怒放"的意象图形
图1-21　阿拉伯数字构成
图1-22　点、线、面自由组合
图1-23　彩陶纹样
图1-24　传统几何纹

器上出现就更多了。

传统的几何纹图案，其造型结构以米字格的"网状组织"为基础，依次排列交叉和重复，获得节奏感和条理性，具有变化与统一的形式美感（图1-24）。除米字格框架以外，还采用"九宫格"框架结构，九宫格是九个方格为一组，并以九个格填充（或连缀成一个或几个图形）。九宫格的特点是四面发展的方格重复，没有透视感觉，能使各异的形象得到统一。

从米字格和九宫格中挖掘几何形态结构规律，对我们学习掌握传统图案的精要，如

何与现代审美相结合，对创造出与时代新意象和新内涵的形态具有积极的意义。

思考与练习

1.为什么要通过装饰的手段选择自然形态?

2.自然形态变化有哪些变化规则?

3.谈谈抽象形态的特征。

4.运用自然写生或归纳写生方法，选择自然形态，题材不限。

5.根据写生的素材进行形态变化，要有四种不同形态变化。

6.根据抽象的形态来表达某种意象（应具有一定装饰性），草图一组，题材手法不限，大小任意。

第二章　装饰形态的原理与法则

第一节　装饰形态的基本原理

一、　对比与调和

对比与调和是形态构成的最基本的造型手法，它体现了形态语言的基本技巧和形式美。

在单调平衡的形态中，如要制造动态平衡则必须在画面中制造某些"变化"，至于"变化"也有多种方法与种类，其中最为强烈的方法则是对比。

所谓对比即是在性质相反的要素中产生对比，进而使对比的双方达到一定紧张感。所谓"具有相反性质的要素"有时是指形态，有时是指色彩，有时是指肌理质感，甚至是指大小、多少的配置的情况。虽然不能一概而论，但是把异的要素组合起来，造成极端异质的状况，这就是对比的目的（图 2-1、2-2、2-3、2-4、2-5）。

对比由于具有极大的视觉冲击，无疑是导致视觉快感的重要因素。但造型的要素如果总是零零散散，各自为政的话，那么整体看来，便无法获得高层次的美感。此时，画面便需要某种足以统一全局的东西——"调和"。"调和"和对比要始终保持有机化和互动性，对比为的是变化，而调和则是起着统一的作用。

最容易理解和运用的调和方法是：在所有构成图案的形态中，找出它们的"共

图 2-1　　　　　　　　　　　图 2-2

图 2-3　　　　　　　　　　　图 2-4

图 2-5

图 2-1、2-2、2-3、2-4、2-5　对比

性"，缩小和减弱它们的差异，即常言道"求同存异"。共性特征越多或近似特征越多，调和的因素也越大，统一的效果也容易达到。

调和可以用同类形的调和，可以用同类或近似色的调和，可以用无彩色调和（即黑白色），也可以用相同的技法进行调和。

调和与对比，在装饰形态表现中，是重要的形式美技法，二者必须同时使用，相互照应，但应有主次之分，该强调对比时应以对比为主要手段，强调调和时就应减弱对比，对比中有调和，才能获得整体中求变化的效果。这是辩证的一对，只有把握特定的主题需要，才能合理使用这一美学法则。

二、对称与均衡

（一）对称

在同一位置的上下左右有相同之形，便称之为对称。对称有点对称、线对称、面对称之分。

自然形态中，对称形式随处可见，如人的身体便是一个对称的结构。至于多数的昆虫、鸟类、鱼类、植物的种子、叶子、叶序，乃至其构成要素的分子、原子本身，其具有对称结构的自然形态不计其数。

在人物造型的形态中，以对称为主体的东西亦不胜枚举，例如衣、食、住、行之中的"住"，不论内部或外观都充满着对称之形，又如"行"之物——汽车、电车、飞机等交通工具大部分都是对称外形。

艺术创作亦然，民间老大娘剪大红喜字、喜庆花样也是采用对称的办法，先将纸对折，剪出的图案平展开来，中轴线两边的图样是完全一样的。在几何（构成）

艺术的领域里，为使几何学构造适用于画面之中，经常使用对称形。对称形适于表现明快统一，或井然有序乃至严肃神秘的主题（图2-6、2-7）。

图2-6　　　　　　　　图2-7

（二）均衡

均衡同对称的形式不同，它是指在中轴或垂心支点两侧呈等量不等形的视觉平衡形式。如在天平上称物体时，如果天平能够保持平衡，便产生了均衡、平均、平衡的意义。均衡是视觉的相对平衡，如现代建筑一般都是分离式的平衡，点的重心支点的确定与由分力求得平衡有些近似，但建筑本身的内形左右不一定完全对称。又如现代设计中的服装设计与传统的均齐式对称完全不同，在现代时装设计中左右有等形不等色或等色不等形的多样变化，以求活泼的效果。

如果说对称是静止中的平衡形式，那么均衡则是运动中的平衡形式，在装饰形态构成中均衡可以理解为动态的图案在视觉感知上的视觉力的平衡（图2-8、2-9、2-10）。

三、节奏与韵律

节奏是指视觉与听觉上的重复出现的有规律的长短、强弱等现象，它包含着旋律

图2-6、2-7　对称

图 2-8　　　　　　　　　图 2-9

图 2-10

图 2-11

与规律。就装饰形态而言，它的构成形式具有强烈的渐变性，秩序规律或从大到小，或从深到浅、从强到弱、从粗到细等，这种特殊的组合排列，产生了视觉上的形式美感（图 2-11）。

　　自然界中许多现象给我们以很好的启示：如大海的波浪层层推进时产生此起彼伏的变化；大树的年轮随着岁月的流逝留下的印迹；宇宙天体行星的运动轨迹，以及物体结构表面的肌理、纹样等。这些自然现象或自然结构所产生的有节奏的美感为我们在图形设计过程中提供丰富的素材。

　　节奏的变化是多种多样的，从形态学角度看，自然界中美的节奏，基本上可分

为排列式的节奏（如防风林的种植、机制地板的拼装等）、求心式的节奏（如漩涡式的水波纹、树木的年轮等）、离心式的节奏（如怒放的烟花和花卉等），还有累积式和螺旋式的节奏等几种结构形式。

　　与对比多变的其他图形形式相比，节奏具有规律性较强的机械律动的秩序美，韵律则是在节奏的形式中感悟到一种情感的基调。

第二节　装饰形态美的基本法则

一、变化与统一

变化与统一在形态设计中是不可分割的

图 2-8、2-9、2-10　均衡
图 2-11　节奏与韵律

基本形式法则,它就像辩证唯物主义认为的"变化与统一"是事物存在与发展的自然法则一样,是人们在长期艺术实践中得出的艺术设计规律。

变化与统一在艺术设计中是指把相异的、个性的、特殊的设计元素有机地组合起来。变化构成了多样化的因素,像造型的长与短、曲与直、虚与实、浓与淡等对立的因素,在设计中如得到合理应用,会产生生动、活泼、明快之感。统一则是把各种设计元素的共性找出来,使它们有机地组合,从而产生统一和谐的视觉效果。变化不当会出现无序、杂乱、不谐调的感觉,统一不当也会出现呆板、平淡、无生气之感(图2-12、2-13)。

二、条理与秩序

秩序是自然形态的一种存在形式,这种存在的形式主要通过反复、条理等动态组织方式表现出来,正像宇宙太空,无数的星星都按各自的运行轨道有秩序地运行,形成了永恒的秩序,地球亦然。在自然界中条理化、秩序化的形态结构不胜枚举。如,体育场的看台,那层层叠叠的座椅给人以环绕式的条理和秩序感;舞蹈演员手中舞动的红绸

图2-13

绳子给人以连续的流动秩序感;现代激光、心电图、声控艺术(音乐喷泉)无不产生条理与秩序感(图2-14、2-15、2-16)。

那么秩序又是怎样产生的呢? E·H·贡布里希对这个复杂的问题作了以下的回答:"自然秩序产生的前提是物理法则,要能够在没有相互干扰的孤立的系统中起作用"。"我们看到扔进了石头的池塘,水面泛起不断向四周扩散的环绕波纹时并不会感到惊奇,因为大家知道池塘里的水是一样均等的,所以投石泛起波纹也会一样均匀地向四周扩展,除非遇到障碍或其他影响,如碰到水流或微风。"他从物理学的角度回答了秩序产生和变化的原由。

心理学家分析,人的大脑也是秩序化的,人的思维模式是按照秩序化的规律而进行思维的,就像电脑的程序一样,都是按设定好的行为规范行事。因为在长期的

图2-12

图2-12、2-13　变化与统一

图 2-14

图 2-15

图 2-16

秩序的社会，那就不称其为社会了。

条理与秩序普遍存在于自然界之中，不但是自然结构的基本规律，也是形态设计的基本规律。一种秩序感，条理化的反复，构成了形态美的组织原则。混杂繁复的自然形态经过条理化组织，可以使极不谐调的元素得到浑然一体的良好效果，从中找到秩序化的艺术形式（图 2-17、2-18）。

图 2-17

图 2-18

思考与练习

1. 运用装饰形态的基本原理与形态美的基本法则，以任意形态（具象或抽象）组合成若干个构图，要求在 2 个课时内完成。

生活中，人类从无意识的感受到有意识的思辩，是在潜移默化中形成了秩序化的思维定势，来应付越来越复杂的世界。没有

图 2-14、2-15、2-16　条理与秩序
图 2-17、2-18　秩序化的形式

第三章　传统装饰形态

第一节　传统装饰形态的内容

当人类进化到不以禽兽肉为主食，而会种庄稼，吃粮食，身上不完全以野兽皮蔽体而已经用人工织物做衣裳时，我们的祖先就创造了极为丰富的装饰形态，在工艺品、建筑、服装等各个领域都有不同内容的装饰形态流传下来。让我们还是先观察一下古代工艺品的装饰内容吧。早在原始社会，反映在陶器上的装饰，就出现了鱼、鸟、蛙等动物形象和松、芦、藤、瓜等植物形象，如西安半坡地区出土的陶器上，鱼纹装饰多达二十多种，而在河南陕县庙底沟出土的陶器上，植物纹也品类繁多，从大量的出土陶器上看，早期的陶器以动物纹为主，后期植物纹占主导地位。这也反映了人类社会从渔猎生活向农耕生活转化。随着社会的进步，在物质、文化生活得到相应提高的同时，人的思维能力也明显得到提高。这一阶段，陶器上出现了大量的几何形纹样，就是很好的例证。据专家分析几何纹的来源有两个方面：其一，是对自然现象描绘和概括，如云纹来自云彩的形象概括，水纹来自水和漩涡波浪的形象描绘。其二，是对动植物的概括与提炼。几何化了的鱼纹和鸟纹，以及植物的枝、叶、花纹的产生，不论是哪一种简化，它们都是经过了人类对自然物的观察、描绘、概括、抽象这样一个过程（图3-1）。

再来看看早期的青铜器。青铜器是我国春秋战国时期艺术的高峰，装饰在青铜器表面的纹样，最有代表性的是饕餮纹（图3-2、图3-3），这种四不像的动物形象，是由

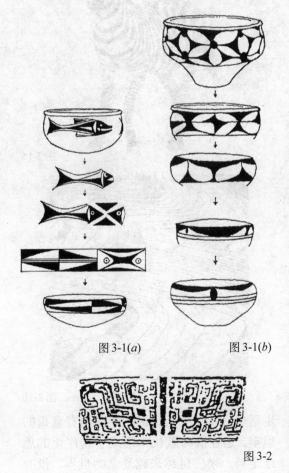

图 3-1(a)　　　　　　图 3-1(b)

图 3-2

图3-1(a)　彩陶上鱼纹到几何纹的演变
图3-1(b)　彩陶上植物纹到几何纹的演变
图3-2　青铜器上的饕餮纹

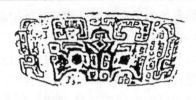

图3-3

劳动人民创造出来的神兽，说明这时人们已经懂得如何创造心中模拜的形象——图腾，来乞求神灵的保佑。这一时期的装饰艺术进入了一个新的阶段。

　　我们纵观古代装饰形态的发展、演变，可以较清晰地看到形态从具象描摹到概括提炼这样一个过程，这充分说明了人类较早就已经具备了由具象到抽象的思维能力，在思维能力发展中这是一大进步。从陶器和青铜器的装饰上能得出这样一个结论 一个时代的装饰内容总是反映那个时代的社会物质生活及社会思想意识的。工艺品的装饰内容是这样，室内装饰也是如此，下面我们把传统的装饰形态做个归类，逐一介绍。

一、动物

（一）龙

　　龙，作为古代社会的装饰有其特殊的意义，一般只限于帝王使用。如北京的故宫，真可谓是龙的世界，石栏、御道、大殿的上上下下，无不雕饰龙纹，就连皇帝的生活用品、服饰、珍玩，都是以龙纹为主要的装饰。龙纹是如何产生的？它又有哪些特征？比较公认的说法是龙是原始人类的一种图腾，而它又是由蛇图腾演变而来的。闻一多先生在他的《伏羲考》中说龙的形象是蛇加上多种动物形成的，它以蛇身为主体，接受了兽类的四脚、马的毛、鬣的尾、鹿的脚、狗的爪、鱼的鳞和须。总之，是蛇图腾又不断合并

其他图腾逐渐演变为龙形。龙不是自然界的动物，而是人类在漫长的历史发展过程中创造出来的一种理想的形象，它无定式，有升龙、降龙、坐龙、盘龙，有长有短……举不胜举。在龙形象的发展过程中，古代劳动人民创造出了无数龙的变异形态，如夔龙形象，它就是龙和其他纹样的融合创造出来的变异龙纹。又如汉代漆器上的卷云龙纹，建筑构件上的草龙纹，均是在不断发展中形成的龙的变异形态（图3-4～3-10）。

图3-4　　　　　　　　　图3-5

图3-6

图3-7

图3-3　青铜器上的饕餮纹
图3-4　战国时期瓦当龙纹
图3-5　彩陶上龙纹
图3-6　汉代龙纹
图3-7　汉代墓砖上《黄帝巡天图》

图 3-8

图 3-9

图 3-10

念和形象虽然早在殷商以前就有所记载，但它的形态一直变化着和发展着，产生了不同社会功利和审美习惯，如有的突出公鸡的威武健壮，有的刻划雏鸡的温柔慈善，有的则表现鹰鹫的凶猛锐利等。然而，更多的还是以孔雀为基本母体的优美形象（图3-13 ~ 3-15）。

与凤鸟形象雷同，名称各异的还有凰、鸾、朱雀、朱鸟等，大概这些就是凤的不同称呼吧。

（三）虎、鹤、鸳鸯等

虎的形象早在汉代画像砖和画像石上

图 3-11

图 3-12

（二）凤鸟

凤鸟和龙一样，是古代劳动人民在长期艺术实践中创造出来的。它集飞禽的优美于一身，是中华民族特有的传统装饰纹样。凤鸟图案最早可以从奴隶社会的甲骨文中找到它的雏形。据考证，甲骨文的凤字，凤的象形文字（图3-11）就是一只有冠、长羽、卷尾的鸟形。从尾部的特征来看，却像一只孔雀。这一时期的神话传说以及图腾信仰中对凤鸟的来历也各有说法，但值得研究的是商代青铜工艺品上的凤鸟（图3-12），并不是像孔雀般的生动形象，而是夔和凤相结合的夔凤形象，有蛇状长条形、单足、曲卷的特点。它同龙在一起装饰，具有相同的图腾意义。凤鸟这一概

图 3-13

图3-8　汉代漆器上的云气龙纹
图3-9　文字装饰
图3-10　建筑木构件文字与龙纹结合装饰
图3-11　商甲骨文凤字
图3-12　商青铜器上凤纹
图3-13　宋建筑彩画凤纹

图3-14

图3-15

就出现了。因生性凶猛，在民间把它作为一种力量的象征，所以喜欢用虎的形象作装饰。如：将它放在门上作门神，小孩头上带的虎头帽，脚上穿的虎头鞋，虎玩具等，汇成了祖国大地上特有的虎文化。

鹤，鸟类，长腿，尖嘴，长脖子，毛色浅白，行走时体态优美。古代把鹤当作是一种长寿的象征，用鹤的形象来装饰不仅取其长寿之喻，而且也喜其造型之美。

鸳鸯，雄为鸳，雌为鸯，形同鸭子，体态娇小，羽毛雄性较绚丽，雌性背呈苍褐色。雌雄鸳鸯偶居一起从不分离，所以自古

以来人们以鸳鸯比作恩爱夫妻，并且扩大到凡成双成对之物皆被名为鸳鸯，如鸳鸯瓦、鸳鸯被、鸳鸯草等。鸳鸯的装饰常和荷花组合在一起相映成趣（图3-16）。

二、花卉

花卉装饰纹样在传统装饰题材中占有重要的地位。花卉品类繁多，形态各异，如荷花、菊花、兰花、牡丹、梅花等，不计其数。花卉装饰纹样采用的原则也与动物纹样一样，使用时具有某种特定的意义，与被装饰的对象有着一定的联系。花卉常与动物一起装饰构成丰富的装饰内容（图3-17）。现在就花卉形态的本身具体分析如下：

（一）荷花

又名莲，果实为莲子，根为藕。花、果、根均可单独作装饰。莲花的最早形态出现在春秋时的立鹤方壶上。在壶的头部有两层莲花瓣，战国时期的彩陶上也有莲花的纹样出现，这说明荷花作为装饰题材，在应用方面是比较早的。随着佛教传入中国，莲花的装饰与佛教有着密切的关系。传说佛教的创始人释迦牟尼的家乡盛

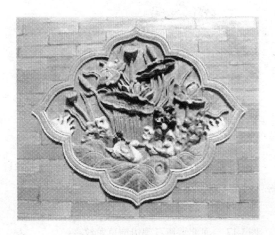

图3-16

图3-14、3-15 宋彩画凤纹
图3-16 北京故宫琉璃影壁中心盒子鸳鸯纹

图3-17

产莲荷,莲的生态特点"出淤泥而不染"正符合佛教的教义,"超凡脱俗,洁身自好以求得灵魂净化",以及莲的"意藏生意,藕复萌芽,展转生生",都符合佛教的今世所积,来世报应,人乃展转生生的世界观。所以佛教特别看中莲花的装饰意义(图3-18~3-21)。

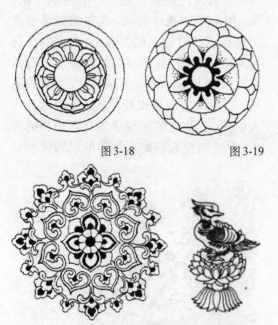

图3-18　　　　　　图3-19

图3-20　　　　图3-21

（二）牡丹

花名,花瓣丰硕,花朵密而成片,色彩绚丽,是富贵与吉祥的象征。它的形态华丽,有花中之王的美称。牡丹常与公鸡组合装饰,取"功名富贵"之意,在传统装饰形态中牡丹纹样占有重要地位。

（三）梅、兰、竹、菊

梅、兰、竹、菊代表四季。是古代文人最喜爱的绘画表现题材,也是传统工艺品装饰很普遍的题材。梅、兰、竹、菊中除了竹以外均为花卉(图3-22、3-23)。

梅：刚劲而挺拔,凌寒而开放。

兰：香气清澹,幽静高雅。

竹：悍直而心虚。

菊：朴实无华。

人们在这四种植物的生态中归纳出拟人化的品质,同时引伸出许多象征意义。

图3-22

图3-17　河北承德石碑边饰草龙纹
图3-18　河南洛阳战国时期彩陶纹
图3-19　山西大同云岗石窟雕饰
图3-20　甘肃敦煌唐代壁画上纹饰
图3-21　鸳鸯与莲花组合纹饰
图3-22　意为"喜上眉梢"

图 3-23(*a*)　　　　图 3-23(*b*)　　　　图 3-23(*c*)

图 3-24

三、人物

人类在进化过程中通过自身的劳动以及与大自然的搏斗，才得以生存并繁衍下来。为了记录下生活的片断，人类早在原始社会就开始美术活动，那些人类穴居过的崖洞留下了动人的生活场景。其题材不外于人的狩猎、舞蹈以及狩猎的目标——动物。那些以人为主要描写对象的崖洞壁画算是最原始的人物装饰形态了。而封建社会以来人物的装饰画主要表现的是贵族生活的内容，如青铜器、丝织品、漆器上的贵族、士大夫出行的场面，画像砖、画像石上的墓主人生前的生活场景。在汉代，画像砖这一艺术形式把人物的装饰艺术推到了高峰（图 3-24、3-25）。西方自文艺复兴以来，一直把人与神一体化，认为"人是万物的尺度"，自然、历史和社会是通过人把它们关联起来的，因此自古以来，在中外装饰美术史上人物题材始终占据着重要的地位（图 3-26）。

图 3-25

图 3-23　竹、菊、梅纹样
图 3-24、3-25　汉代画像砖人物装饰

图3-26

除了上述的情况外，我国的民族民间传统艺术中蕴藏着大量优秀遗产，就其风格形态而言，很大一部分可以列入装饰艺术行列之中，如民间的皮影、剪纸、木版年画以及建筑构件等，都是值得学习和借鉴的（图3-27）。

图3-27

四、文字

在传统室内装饰中，利用文字作为装饰的题材较为常见。这时指的不是装饰书画中的题字，也不是指建筑上的匾额、楹联。作为装饰形态的文字，一般具有两个条件：一是文字所表达的意，二是文字构成的态，意态结合方为装饰。秦汉时期的瓦当上这类装饰不少，从字体到形态排列上看与金石篆刻极为相似，有一字满纹，

二三字并列，四字上下左右排列等。不论文字多少，都构图精心，布局严谨，字体线条与外框线条粗细相间得宜，极富装饰韵味。明清以后以文字为主要题材的建筑构件——瓦当渐渐淡去，取而代之的是龙纹、兽纹。但是在明清建筑的木雕、砖石雕的装饰中仍有沿用。常见的卍字和寿字纹通过排列构成，不失其装饰美感（图3-28）。

图3-28

第二节 传统装饰形态
构成的形式

装饰形态的构成形式是由用途和内容决定的。打开人类的文明史册，无论是在建筑、工艺品或日常生活用品上，无不给我们提供了丰富的装饰形态。在那些大小不一的空间里，我们不难找出它们的构成规律，归纳起来主要有以下几种构成形式：

一、单独图形

单独图形是具有相对独立性的纹样，其结构形式是按图案形式美的法则规律来构成的，能单独应用于某物的装饰，具有一定的完整性。单独纹样是装饰形态构成的基本单位，就如抽象形态元素的圆点一样，可以组成多种变化的图案。

单独纹样形态比较自由灵活，不受框

图3-26   人物木雕版
图3-27   木版年画
图3-28   木雕文字纹饰

定外轮廓约束，可以尽情发挥形态固有的美感，但作为图案造型，在自由处理的同时，必须注意结构、动势以及形态特征。

单独纹样组织形式有对称式、平衡式、综合式三种。

（1）对称式。是以中轴线为中心，左右上下镜像形象，得出形状，色彩完全相同的图案，称之为对称式单独纹样。其特点端庄、大方，有宁静感（图3-29~3-31）。

（2）平衡式。是指轴心以外的纹样等量不等形，但是轴心上下的或左右的形在量上是平衡、稳定的。平衡式较对称式在造型上更为自由，变化更为丰富（图3-32）。

图3-31

图3-32(*a*)

图3-29

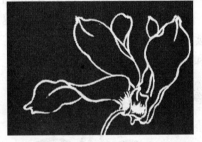

图3-32(*b*)

图3-32(*c*)

图3-30

图3-32(*d*)

图3-29、3-30、3-31　各种对称形式的单独图形

图3-32　平衡式单独图形的四种表现形式

（3）综合式。结构自由，可以有对称、平衡等因素，其特点是生动活泼，趣味性强（图3-33）。

二、适合图形

适合图形是指受某种框定的和外轮廓线制约的图形样式。它必须适合这个特定的框架空间并保持纹样结构形式美的特征。适合纹样的特点是：结构严密，形象完整，具有强烈适合统一性。

适合图形可分为方形、圆形、三角形、菱形、椭圆形等。图形的形态可分为几何形和自然形。组织形式可分为：均衡式、放射式、旋转式等多种（图3-34）。

三、连续图形

连续图形是将单独图形（或单位的图形）作为一个单位纹样，根据不同的空间要求，作有规律重复扩展或反复排列，就构成连续图形。连续图形可分为二种，即二方连续和四方连续。

1. 二方连续

二方连续是指一个单位的纹样，限于

图 3-34(a)

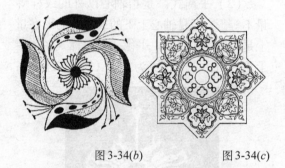

图 3-34(b)　　　　图 3-34(c)

上下或左右两个方向，重复或连续排列。其特点是，无限延伸，成带状分布。常见于花边、建筑物的边饰（图3-35、3-36）。

它的主要构成形式有：

（1）倾斜式——是指纹样可作角度倾斜的连续排列，具有倾斜动感（图3-36a）。

图 3-33

图 3-35

图3-33　综合式单独图形
图3-34　各式适合纹样
图3-35　二方连续的各种形式

（2）组合式——将上面几种形式组合使用，可以产生丰富的连续形态（图3-36b）。

（3）散点式——等分单位图形进行重复排列，具有安定、稳重感（图3-36c）。

（4）波纹式——按波形曲线与骨架分割排列，具有节奏、运动感（图3-36d）。

2. 四方连续

四方连续是由一个或几个单位图形按一定骨格向四方重复延伸或扩展循环的连续构成形式。

它包括散点排列、连缀排列等形式。

（1）散点排列。即以一组图形或几组图形为单位，按等分的格式将单位图形填入方格中，构成有秩序排列的散点图案。

其排列方法可以是平排法和斜排法。散点可以是二个散点重复，也可以是无数个散点重复（图3-37）。

（2）连缀排列。连缀的骨格横竖互相穿插，纹样互相联系，连续性很强，纹样所占面积较大，形式比较丰富。常见的有菱形连缀、分割连缀、转换连缀、波形连缀等（图3-38）。

四、边角图形

边角图形是装饰在物体的边角部位的纹样，边饰也称边框图形，角饰也称角隅图形。

（1）边饰图形。边饰图形同二方连续相近。区别是二方连续可以无限连续，而边饰图形则受到边缘的限制。边饰图形有方、圆、三角形、异形等（图3-35、3-36）。

（2）角隅图形。是指装饰形体角的部位图形。它可以装饰一角、对角或四角。组织形式可分为对称式、平衡式、中心自由式三种结构（图3-39）。

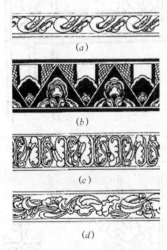

(a)

(b)

(c)

(d)

图 3-36

思考与练习

1. 结合三章教学内容，进行传统图案考察（可以选择图书馆或博物馆进行资料或实物考察），重点放在彩陶纹样、殷商青铜纹样、汉代漆器纹样上，完成一份考察阅览笔记，形式不限。

2. 传统适合图形构成练习。以花卉为素材，构成适合图形，形态不限，可以是自然形，也可以是几何形，规格：直径20cm圆形或20cm边长的正方形。

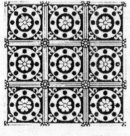

图 3-37

图 3-38

图3-36　二方连续的各种形式
图3-37　四方连续散点排列
图3-38　四方连续连缀排列

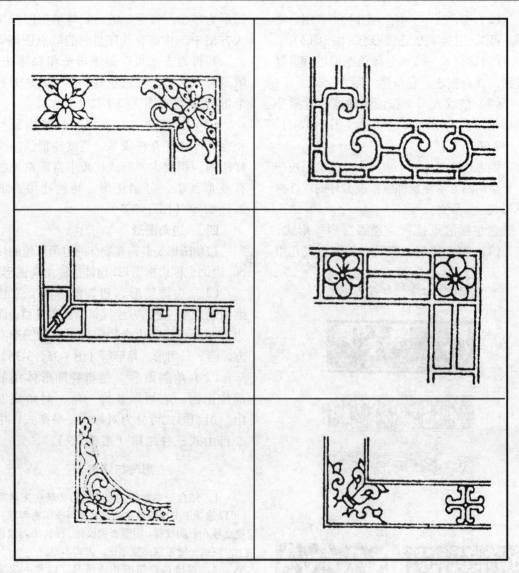

图3-39

图3-39   角隅图形的各种形式

第四章　现代装饰形态构成

现代装饰形态构成是相对于传统装饰形态构成而言的，事实上传统图案的含义中，也包含着现代设计与构成的因素。如传统的几何图案变化与平面构成的一些手法是相通的。只是在今天的学术专门化的时代中，人们把"构成"提升到形态学的角度来专门研究，并把"构成"作为设计基础教学的一部分来对待。这里所指的"平面构成"不是特指某一造型艺术或视觉设计，而是对造型艺术、视觉设计中的形态构图、表现方法等进行系统研究，这些研究的主题是纯粹的，它抛开了设计应用的功利目的，而探寻形态语言的内在本质表述，其目的在于能创造出艺术设计上所需要的更有趣的形态，在于各种形态能更巧妙地安排在指定的空间中。由于其科学、系统的研究方法和对人"造型力"的培养，在现代设计教育领域中尤显其地位。

第一节　形态构成的要素

形态构成就其形的要素可分为点、线、面，此外还有色彩、质感等要素，在前面的章节中我们对点、线、面的要素已作简要的论述，这里将作进一步分析研究。

一、点

"点"是各要素中最简洁的形态，它是所有形状的起源，一个点面积虽小，却有强大的生命力，它能对人的精神产生巨大影响，吸引你的注意力。在造型上点具有大小、面积、形态的因素。点如果不具备这些因素，便无法作视觉的表现，点的形态越小，点的感觉越强，越大则越具有面的感觉。点的外形形态具有多样性，如三角形的点，五角形的点，它们只有按一定的比例出现，才能有点的感觉。我们所说的点通常指圆点。圆点即使较大，在较多的圆点组合在一起的时候，仍有点的感觉。另外点还具有强弱、虚实等不同的视觉效果。

（1）点的线化（图4-1、4-2）

（2）点的面化（图4-3）

（3）点的其他现象（图4-4、4-5）

二、线

从数理上说，线是点在运动延伸时留下的形迹。因此点的运动方向直接影响着线的形态，几何学上线是没有粗细的，只有方向和长度，但在视觉表现时，线的粗细具有积极意义。

在形态构成要素中，线是最为活跃，变化最为丰富，也最具表现性和性格特征的。

就情感上来说，对线的表现可以说是东方世界的专利。我国早在原始社会，先民们在摩崖石壁上刻划记事，就对线有了初步的认识，自从文字出现以后，由于书写的原因产生了影响深远的线艺术——书法艺术。

另外，线在中国的装饰艺术、绘画艺术方面的表达也到了极高的境界。如中国画的"十八描"就是对线的运用的高度提炼和概括。

1. 线与用具

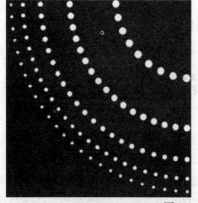

图4-1

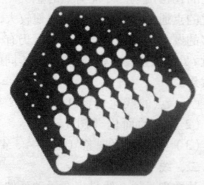

图4-2

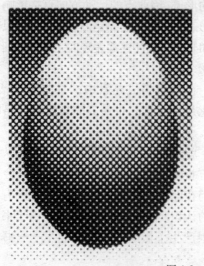

图4-3

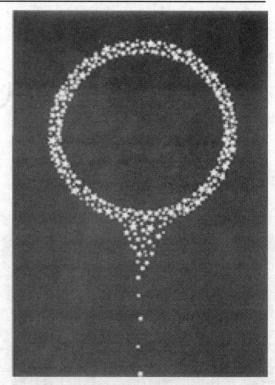

图4-4

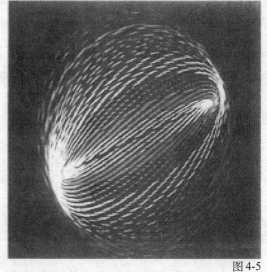

图4-5

图4-1　点的有秩序排列形成弧线之感

图4-2　从大点到小点直线排列形成粗细不一的线形之感

图4-3　利用网点式的排列达到光影面的效果

图4-4　用星形作为点的形态，构成有趣图形

图4-5　激光（点）所形成的神秘的线形

线——我们可以看成是物体抽象化表现的最有力手段。

不同的工具、材料作线性表现具有不同的效果,当然不同的心理反映对线的影响

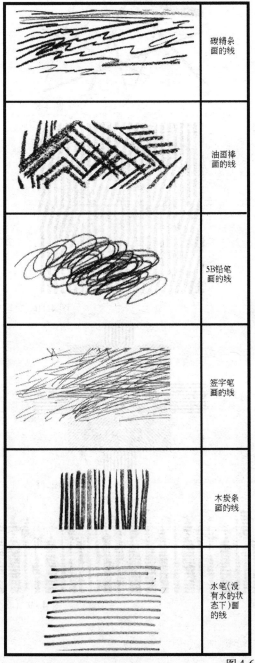

图4-6

也是巨大的。就画线的工具而言,如图所示,种类繁多,变化之大,只有通过实践才有感受,才能创造出不同特征的线的形态。如光滑圆润的线条、强劲有力的线条、优雅流畅的线条等等。只要细心体会,可以变化出种种感性需要的线条来(图4-6)。

2. 线的种类

线可分为直线和曲线两类,直线在数学上的定义是曲率趋向无限小的开放曲线。

曲线可以分为开放式的曲线和封闭式的曲线(图4-7)。

3. 线的表现形式

(1)线的粗细。粗线刚劲有力,粗实线具有厚重、坚硬、豪放的男性特征。细线

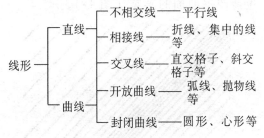

锐利、灵巧,虚细线纤弱而神秘,近似女性的某些特点(图4-8)。

(2)线的长短。长线自信,长直线具

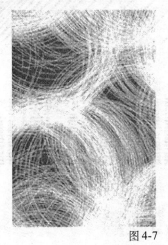

图4-7

图4-6 工具不同,线的形态也不同,感受自然不一样
图4-7 曲线

有持续性和延伸感。短线则有断续性，具有迟缓感（图4-9）。

（3）线的浓淡。指的是明度问题，如粗细、长短一样的线，深色的线实一些，淡色的线虚一些，而且有前进与后退之感，通过一定的排列方式也能产生凹凸之感。

（4）线的隐藏。不直接画线而通过间接的办法，制造出让人能感知的隐藏线，这种隐藏的线也称之为消极的线（图4-10、4-11）。

（5）线的点化。把线分化成无数的点，再把点间隔地连成线，我们平时看到的一些省略号式的虚线即为线的点化（图4-12）。

（6）线的面化。线通过有规律的排列达到一定的密集度，就能有面的感觉，线同样也能产生曲面的感觉（图4-13）。

图4-8

图4-10

图4-11

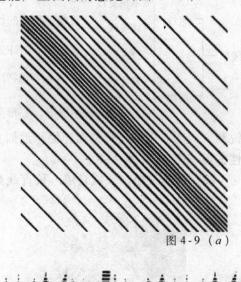

图4-9（a）

图4-9（b）

图4-8　线的粗细
图4-9（a）　长线
图4-9（b）　短线
图4-10、4-11　通过线的错位，形成隐藏的线形

三、面

在形态要素中"面"是最包容的，"点"的放大是面，"线"加宽、变粗也是面，在日常生活中面也是最为普遍的形态，人们通常会把它与体积联系在一起。从抽象形态上分析面可分为积极的面和消极的面。

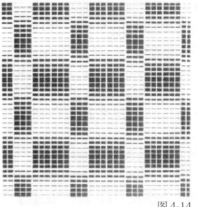

图 4-14

图 4-12

图 4-15

图 4-13

图 4-16

图 4-12 白点连成线

图 4-13 线的面化

图 4-14 点线互换，同样粗细的线和不一样的点
　　　　构成富于变化的画面

图 4-15 通过线的粗细变换，构成叠形效果

图 4-16 单纯的线具有丰富的表现力

1．积极的面（实面）

在外轮廓线内涂满色彩（阳面）或外轮廓线外涂满色彩（阴面）都能获取面的形态，不管阳面或阴面，都给人以充实团块的感觉。几何形的面有理性、确实、安定之感，单线的有机形的面也各有不同的趣味（图4-17）。

2．消极的面（虚面）

是由点的聚合或线的排列构成的，正如点和线的特征一样，可以产生十分丰富的面形，或密集、或疏松、或进或退，还有的给人以错觉之感（图4-18）。

四、基本形

基本形是构成中的基本形态，可分为单形、复形和正负形，它们通过配置与繁殖可以得出各种构成变化形式。基本形如同文字，只有通过一定文法手段才能得到一篇优美的文章。

1．单形

即单体形态，是最简练、最独立的。形态的基本要素点、线、面均可做为单形的最基本形态，通过变化可以以构成的基本形存在于骨格框架空间中，也可以独立存在。如标志设计中就有不少单形的形态（图4-19）。

图4-17（b）

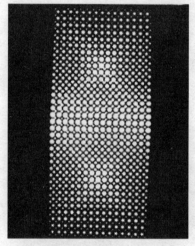

图4-18（a）

图4-17（a）

图4-18（b）

图4-17（a）　几何形实面具有团块的感觉
图4-17（b）　图形上方可以看成是阴面，下方是阳面
图4-18（a）　由点组成的面
图4-18（b）　由线组成的面

2. 复形

即复合形态,是由两个以上单形组合而成,复形的组成可以是单形的重复,也可以是不同的形态组合。复形也是独立的单位形,作为构成的基本形比单形更丰富,但在骨格中繁殖就要注意构成的整体协调性(图4-20)。

3. 正负形

正形即单位实形,是视觉形态中的实体形态。负形即单位实形之间造成的空间之形,是视觉形态中的虚体形态。正形是负形的存在基础,正形单位连接的方式不同,负形的形态也不尽相同,可以说正负形之间是相互依存,互为作用的关系。平面构成中如果巧妙加以组合将会产生意想不到的视觉效果(图4-21)。

图4-21

第二节 形态构成研究

目前关于静态平面构成的研究已有许多,为我们提供了很多的构形手法,综合起来大至可分为两大类 一类是处理图形的分割和积聚;另一类是图形的幻像创造。

分割和积聚是突破原型束缚的带有思维运筹的直接操作,分割是从单个形出发,在指定的范围内(限定面积之内)进行操作。而积聚是从单个形出发,经过配置逐渐向外扩展,面积随之扩大。分割和积聚就单一的形态而言,是互为逆反的操作,被分割的部分为构成要素,将诸要素积聚起来为单一形象。也就是说形分割到不可分割的地步,其结果就是点、线、面。反过来将点、线、面进行积聚可以创造出丰富多彩的形态。

幻像对生活在三维及四维空间世界里的人们来说并不陌生,但如何把这种幻像表现在二维的画面上仍是值得研究的问题。幻像的艺术化创造可分为两个大类加以讨论:其一,是三维空间的形,表现在平面空间里的方法,即立体或空间感觉的各种表现手法;其二,是关于四维空间形态表现在画面上的方法,即动态的表现方法。

一、形态的繁殖与配置

这里所研究的形态繁殖与配置,与传统图案的组织形式所不同的是没有自然形态

图4-19

图4-20

图4-19 单体形态,由四个同样基本形组成
图4-20 复合形态,由两个以上大小不一的单形组成
图4-21 正负形,黑为实形,白为虚形

图 4-22（a）

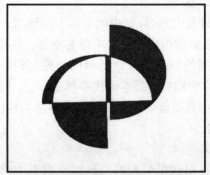

图 4-22（b）

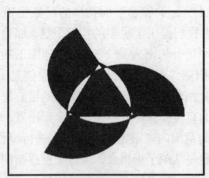

图 4-22（c）

图 4-22（e）

图 4-22（d）

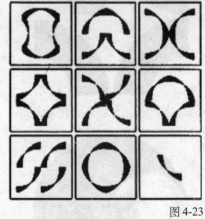

图 4-23

图4-22 基本形各种配置
　　（a）基本形；　　　（b）形态融合；
　　（c）新单位构成；（d）间隙空间之形；
　　（e）放射状构造的形成

图4-23 基本形各种配置

环状构成	离心构成	向心构成
环状构成	线状构成	环状构成
线状构成	环状构成	基本形

和既定的组织方式作为基础，而是将最基本的点、线、面造型要素，按照理性或非理性的构形方法，组成理想的构成形态。它虽然离开了具象形态所具有的直接意义，却更适合进行纯粹形态的美学训练。

1. 基本形繁殖

为使繁殖构成结果变化丰富，基本形选择极为重要，一般以简单的几何形为佳，同一形态的几何形在集群化的过程中，必然会产生形态聚合在一团的"形态融合"或由基本形所包围的"间隙空间"等现象，所以在选择基本形时，应考虑能产生这个现象者为首选（图4-22、4-23）。

(1) 形态融合

(2) 间隙空间之形

(3) 新单位的繁殖构成

(4) 线状的发展

(5) 面状的发展

(6) 环状构成的形成

(7) 放射状构造的形成

2. 各种配置

配置是形态的排列或组合，由单位形出发进行各种配置，是研究形态构成的重要途径。配置大致可分为：重叠、连接、分离三种类型。

(1) 重叠的配置（图4-24）

(2) 连接配置（图4-25）

(3) 正负形配置（图4-26）

图4-26

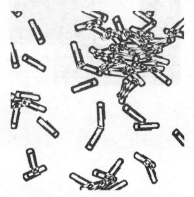

图4-24

图4-25

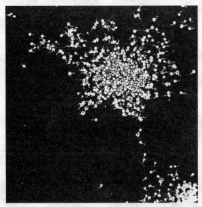

图4-27

图4-24 重叠的配置
图4-25 连接配置
图4-26 正负形配置
图4-27 集中感配置

(4) 集中感配置（图4-27）

(5) 扩散感配置（图4-28）

(6) 偏倚配置（图4-29）

二、分割与比例

（一）各种分割

在形态构成的方法中，分割是最理性的构形活动，为使被分割的画面在视觉上达到合理、匀称，以往一向采用的是以黄金

图4-29

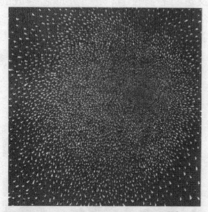

图4-28

图4-30

图4-31

图4-28　扩散感配置

图4-29　偏倚配置

图4-30、4-31　等形分割

分割律为分割的内在依据,但这种数量关系
并不能被所有人所掌握。设计师造型活动中
更多的是靠感觉分割,主要是靠自己的眼睛
对比例的把握。

平面造型能够表现的空间并非无限大,
一般是在限定的形态与面积之中进行操作,
因此有关空间分割的研究非常重要,可以
说分割是平面造型的最基本手段之一。

1. 等形分割

等形分割的形即使有所不同,但面积
一定要相等。这种分割方式可以产生单纯明
快的比例关系,在视觉上给人以规则的美感
(图4-30、4-31)。

2. 等量分割

这种分割等量不等形,由于被分割后
形状各异,比等形分割更加富于变化,但由
于面积彼此相等,所以视觉上给人以均衡感
(图4-32~4-34)。

3. 自由分割

基于前两种分割,这种分割方法采用
了弧线、自由曲线进行分割,消除部分分割
线,并对流线形进行融合与合并,由此产生
了面积大小不同的形态。这种分割构形可以

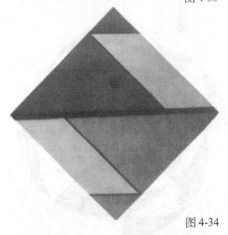

图4-33

图4-34

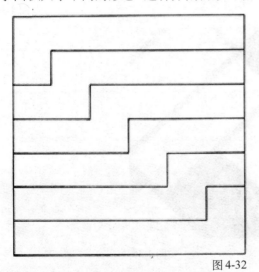

图4-32

图4-35

图4-32、4-33、4-34 等量分割

图4-35 自由分割

作为骨格再往其中添加形象，也不失为一种有效的方法（图4-35、4-36）。

4. 渐变分割

按一定的渐变比率分割，即分割线的间隔可采用依次增大或减少的级数来分割。渐变分割有垂直渐变、水平渐变，也可以是斜向、纹状、旋涡状等。渐变按一定的数列顺序递增或递减，在整体的感觉上有着强烈的统一感（图4-37、4-38）。

通过正方形边上的二等分、三等分、四等分加之分割线和经过选择以后再从事构

图4-38

图4-37

图4-36

图4-36　自由分割
图4-37、图4-38　渐变分割

成练习时，将可获得种种丰富的图形变化。

（二）比例

构成上所谓的比例是指形体长度、面积等的比率，比例可以是形与形之间的比率，也可以是形体自身的比例关系。以人为例，人与用具，人与自然环境之间的关系属于形与形之间的比例关系。人体的比例属于形体自身比例关系，如果说一个人的比例关系好，这就意味着这个人身体的肥瘦、高矮符合标准要求，反之比例则不协调，也就产生不了美感。比例还反映出人们的一种审美观，如古希腊雅典的帕提农神庙，其屋顶高度与屋梁长度的比例运用了黄金比例，显得典雅而神秘；古埃及人则用稳定的三角形建造金字塔使之神圣而庄严；中国人"天圆地方"理念按一定比例尺度建造了具有代表性的建筑——天坛和故宫，这也反映了中国人崇尚天地的一种宇宙观。

1. 黄金比

希腊人自古以来便在研究比例，其中尤其崇尚黄金比，在他们的建筑、雕塑中黄金比应用普遍。在圆形方面比较典型的是这个星形图案（图4-39）。它们的 $AB:BD$、$AC:AD$ 及 $BC:CD$ 都是黄金比，所以他们认为这个星形是美丽而神圣的，象征着完美。黄金比之所以完美与它的比率（1:1.618）有着直接关系，这个无理数在数学上是极难计算的数字，但在几何学上要想求得却非常容易。正如五角星形的例子所示，这个比例数值在形态构成上可以变化出无穷的优美图形。现代的设计、绘画领域运用黄金比可谓屡见不

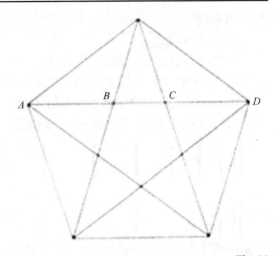

图4-39

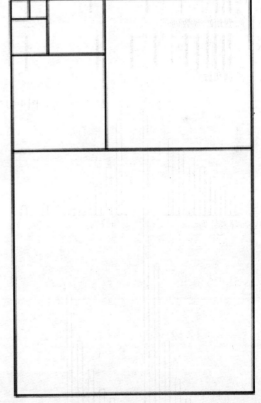

图4-40

图4-39　希腊人喜爱的星形
图4-40　表示黄金矩形与正方形关系的构成

鲜（图4-40）。

　　2. 数列比例

　　黄金比讨论的是两个数量间之比例，而
数列比例研究的是3个以上的多种比例关系，
为了作图上的方便，兹拟提出了4种具有代表
性的数列，即等差数列、等比数列、费班纳赛

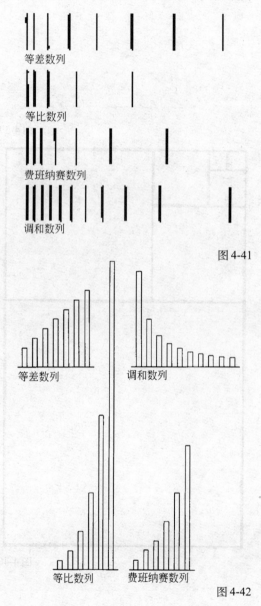

图 4-41

图 4-42

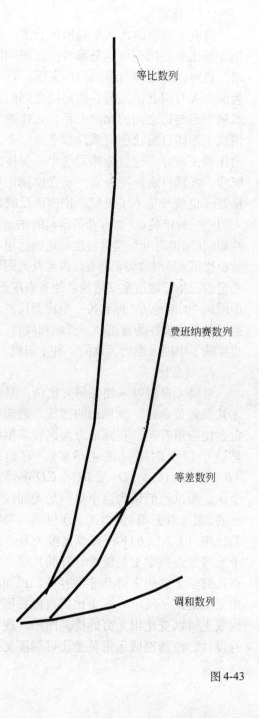

图 4-43

图 4-41　四种代表性数列的比较（各组线段与线
　　　　　段的间隔均依据各数列比例）

图 4-42、4-43　四种代表性数列的增加率比较

数列、调和数列。(图4-41~4-43)。

三、幻像和创造

追求新奇是人的本性,科幻小说、科幻电影流行,魔术电子游戏大受欢迎,人类为了获得更多精神上的享受,始终不断地创造着幻像的世界来满足感官上的需求。在视觉学术领域里,那些循规蹈矩、四平八稳的画面便容易流于一般,甚至令人生厌,往往看似怪异,或看起来是随意之举的形态会给人以强烈的视觉冲击,从而给人留下深刻的印象。幻像的创造不仅是视觉艺术的功能所需,也是提供给人以推敲欣赏的乐趣,同时,又使人的游戏精神得以复生,这种形态的创造在人们获得美感的同时,更有助于想像力的培养。幻像的创造其实是三维或四维的空间中的形象,表现在二维的画面中,如何表现?运用什么样的手段?在正式谈论各种具体造型方法之前,让我们先来说明一下造成幻像的根源所在。

1. 错视

(1) 错视的形成。错视是指在形态构成中视觉经验发生错误的判断。这种错视现象在某种图形和某种图形相互影响的情况下产生,使得原来平直的线条有了弯曲之感,等大的两个图形产生大小不一之感等,这对其他造型艺术同样重要。艺术家可以通过错视的法则处理好视觉效果的问题,因为实际的测量所得出的物理形态,不见得符合艺术上的要求。下面通过图例来说明:

1)形态扭曲的错视(图4-44)

2)线或角对不起来的错视(图4-45~4-47)

3)有关线、面长短大小的错视(图

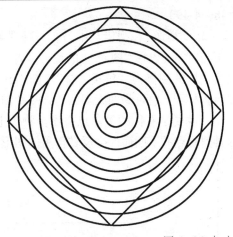

图4-44 (a)

图4-44 (b)

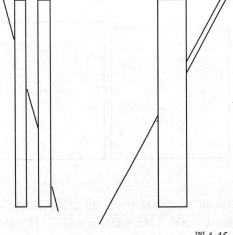

图4-45

图4-44 (a) 由于背景是同心圆,使正方形显
          得歪斜

图4-44 (b) 由于背景是放射线,使圆形显得
          不圆

图4-45 由于其他形态的介入,造成线段错位的
        错视

4-48、4-49）

(2) 反视像。在视错觉中另有一种现象，即形与背景（也称"图底"）的反转视像，最具代表性的图例为"鲁宾之杯"（图 4-50）。黑色为杯形，白色为两人对视形，两种图形共存，主要是看你的关注点在哪个物体上。这种因视点的不同而产生反转作用的图形还

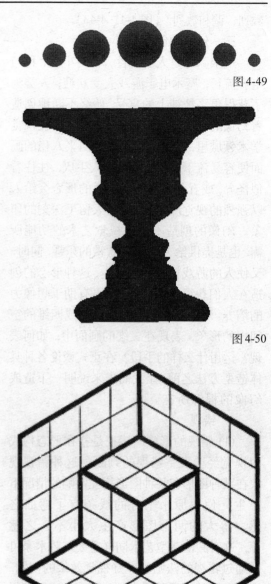

图 4-49

图 4-50

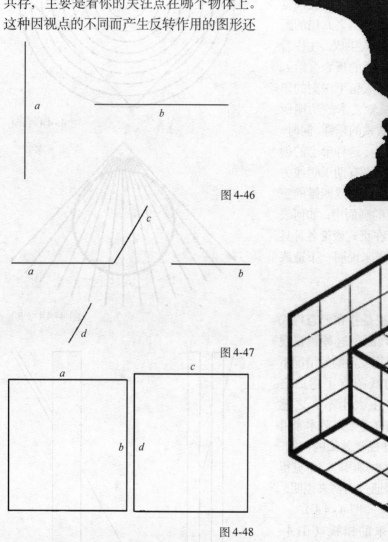

a

b

图 4-46

c

a   *b*

d

图 4-47

a

b

c

d

图 4-48

图 4-51

图 4-46 由于空间的介入，造成线段错位的错视
图 4-47 线段 *a* 与 *b* 的长度虽然相等，但是看起来线段 *a* 较长
图 4-48 $b<a=c<d$，带有 *b* 边的矩形看起来更像正方形
图 4-49 汤普生的错视图
图 4-50 "鲁宾之杯"
图 4-51 反转性远近错视

有种种类型。

1）重像。

2）反转性远近错视（图4-51）。

3）正、倒立共存图（图4-52、4-53）。

2. 幻像

(1) 矛盾图形。这里的矛盾图形是指画面上表现出来的三维图形，是三维空间中不能成立之形态，具有矛盾的特性，在视觉上这种矛盾的形态常常表现出某种深邃的思想或出现不可思议的形象，所以饶有趣味，能引人入胜。

各种矛盾图形：

1）形态交叉造成的幻像（图4-54、4-55）。

2）埃舍尔式的矛盾图形（图4-56）。

3）转向不同形态（图4-57）。

(2) 立体幻像。在二维的平面上表现立体形态具有自然主义的特征，而立体的幻像纯粹是艺术家想像的结果，可能通过非常规

图4-53

图4-54

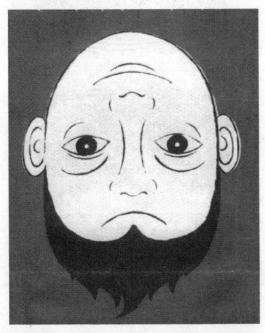

图4-52

图4-55

图4-52、4-53 正、倒立共存图

图4-54、4-55 形态交叉造成的幻像

透视法获得的立体幻像。正像环境气氛给人影响一样，平面幻像空间所创造的变幻莫测的奇境同样可以给人奇妙之感。立体幻像表现可以有以下几种途径：

1）利用直线曲化表现突起（图4-58）。

2）利用疏密的作用使形体具有起伏感（图4-59）。

3）利用直线群改变方向表现体积感（图4-60）。

4）利用重叠表现进深感（图4-61）。

5）利用形态大小表现远近空间（图4-62）。

6）利用放射线表现空间或立体形态（图4-63）。

图4-57

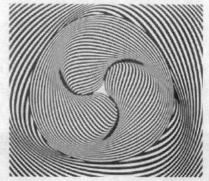

图4-58

图4-56

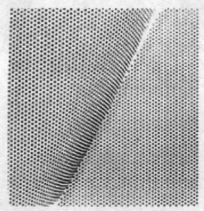

图4-59

图4-56　埃舍尔式的矛盾图形
图4-57　转向不同形态
图4-58　利用直线曲化表现突起
图4-59　利用疏密的作用使形体具有起伏感

图 4-60

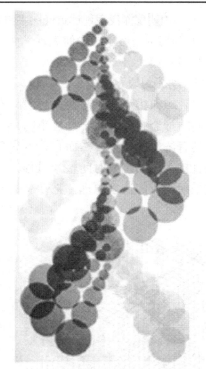

图 4-62

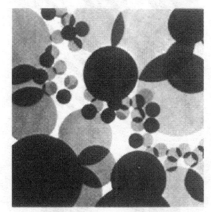

图 4-61

图 4-64

图 4-63

图4-60　利用直线群改变方向表现体积感
图4-61　利用重叠表现进深感
图4-62　利用形态大小表现远近空间
图4-63　利用放射线表现空间或立体形态
图4-64　利用明度深浅表现远近

7）利用明度深浅表现远近（图4-64）。

8）利用网络格子的歪曲表现平面的起伏（图4-65）。

（3）动势幻像

动势幻像相对静止幻像而言，具有四维空间的形态特征。对于动态事物，人类天生具有浓厚的兴趣，然而在艺术表现上很难直接表现动态或时间整个过程，只能通过平面构成的造型原理，把动态的幻像

图4-67

图4-68

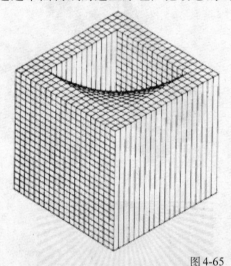

图4-65

图4-66

图4-69

图4-65　利用网络格子的歪曲表现平面的起伏

图4-66　向一定方向集中的动势

图4-67　旋转造成的动势

图4-68　倾斜造成的动势

图4-69　破坏造成的动势

栩栩如生地传达给观众。

1）向一定方向集中的动势（图4-66）。

2）旋转造成的动势（图4-67）。

3）倾斜造成的动势（图4-68）。

4）破坏造成的动势（图4-69）。

第三节　　肌理形态研究

肌理普遍存在于物体的表面，有着各种各样的结构特征，在造型艺术上技巧的重要自不待言，但在常用技巧之外，运用材料工具多样性创造出不同的肌理效果也十分重要，偶发的肌理效果为构思、创意提供了想像的依据。例如版画家利用木板的肌理表现云天水色，水彩画家利用纸的特性，通过撒盐的方法表现氤氲雨天的景象。工艺美术领域要擅于利用各种技法表现特殊的肌理效果，如扎染、腊染、对印、拓印、火烙、陶艺的窑变、开片以及绞泥、绞釉等，均能创造出魅力四射的工艺美术品。

肌理形态的创造依赖于工具与材料，通过工具、材料操作实践，形态开发将是无限的。在现代设计领域，肌理的运用会有一个更宽广的空间。

图4-70

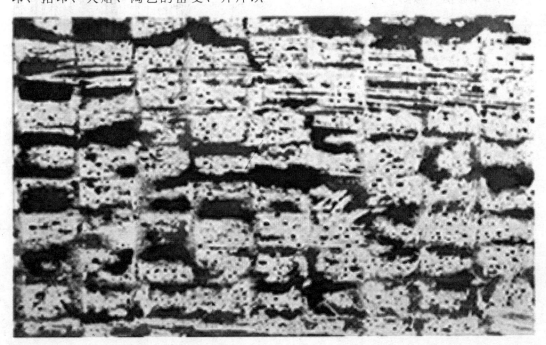

图4-71

图4-70　吹彩法

图4-71　抗水法

一、偶然形态的创造

偶然的肌理获得，有它不确定的因素，正如一瓶墨水打破于地，所形成的四溅墨迹，其形态不可预见。正因为这种不可捉摸的形态，有时会让人惊叹不已，越是出人意料的方法，越容易获得意想不到的形态，意外性越大，越容易在那些形态中感觉到奇妙和不可思议。

美国抽象表现主义画家波洛克所创作的伤口就是属于这种非定形的造型语言。他的伤口给人的视觉冲击是强烈、具有生命激情和冲动的。

肌理创造的实践，对初学者开发创造思维能力来说无疑是一种有趣且有效的办法。下面就其方法进行深入探讨。

（一）色彩的特殊用法

（1）吹彩法（图4-70）

（2）抗水法（图4-71）

（3）晕彩法（彩图53）

（4）滴流法（图4-72）

（二）工具的特殊用法

（1）弹线法（图4-73）

（2）喷刷法（图4-74）

（三）印与压的方法

（1）擦印法（图4-75）

（2）对印法（图4-76）

（3）拓印法（图4-77）

（4）刮、划法（图4-78、4-79）

（5）凹凸压印法（图4-80）

二、质感

质感是指物体表面的质地感觉，如皮毛的粗糙、柔软感，金属表面的光滑、坚

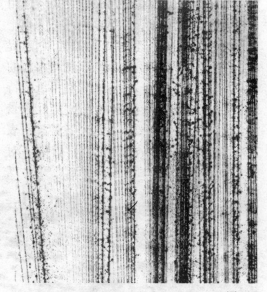

图4-73

图4-74

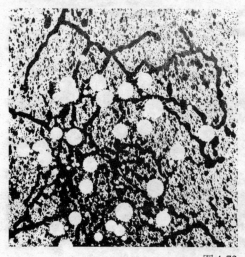

图4-72

图4-72   滴流法
图4-73   弹线法
图4-74   喷刷法

硬感，这些均属质感，它有触觉优先和视觉
优先之分。

图4-75

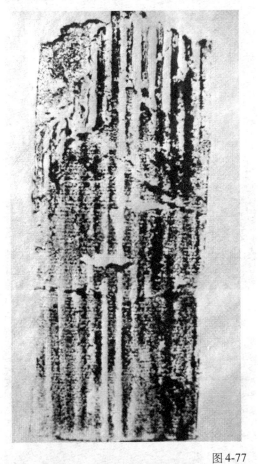

图4-76

图4-77

图4-78

图4-79

图4-75　擦印法
图4-76　对印法
图4-77　拓印法
图4-78、4-79　刮、划法

图 4-80

图 4-81

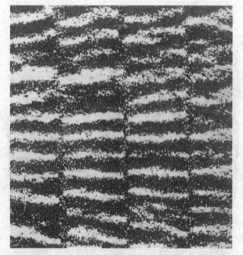

图 4-83

图 4-82

图 4-84

图 4-80   凹凸压印法
图 4-81、4-82   触觉优先的感觉
图 4-83、4-84   视觉优先的感觉

（1）触觉优先的感觉（图4-81、4-82）

（2）视觉优先的感觉（图4-83、4-84）

思考与练习

1. 试以点、线、面不同形态，进行单纯的点形态、线形态和面形态练习。点、线练习不少于4张，面练习不少于2张，大小为12cm边长的正方形。

2. 以几何形为基本形进行各种配置，尺寸大小同上，2张。

3. 分割与排列是平面构形的基本造型手段,试以几何形进行各种分割与排列练习，4张，20cm边长正方形。

4. 错视幻像练习：

重点可放在幻像练习上，要充分发挥空间的想像力，创造出虚幻的世界来，可以用电脑来完成，A4大小为宜。

5. 以不同手段，不同材料进行各种肌理形态创造，4张，12cm边长正方形。

第五章　形态色彩构成

第一节　色彩的基本知识

形态的色彩问题是形态构成的重要组成部分，要谈色彩构成必先知道色彩的由来。我们的祖先早在远古时代便对色彩产生了浓厚的兴趣，原始的图腾、岩画、祭祀活动等，这一切无不表现出对色彩的关注。但古人对色彩的认识只是停留在感性的认知上，把它看成是自然现象，认为色彩是万物生来就有的，在科学不发达的古代社会，出现这种见解并不为奇。人类劳动创造了美，人们认识与运用色彩也是在劳动实践中通过发现色彩差异并寻求它们之间的内在联系来实现的。因此，人类最基本的视觉经验得出了一个最朴素也是最重要的结论色彩并非故有，没有光就没有色。光是先决的条件，试想，没有光的世界会是一片何样的景象。

早在古希腊时期先哲们就把光与色联系起来并提出了颜色视觉理论和光色理论，只是没有作深入的探讨，直到英国科学家牛顿，在 17 世纪后半期，进行了著名的色散实验，发现了光与色的关系，他在送交英国皇家学会的一封信中说，"一切自然物的颜色，除了由于各种物体的反射性能不同而对某一种光可以反射得比另一种光更多之外，并没有其他原因。"

之后，大量的科学研究成果进一步告诉我们：色彩是以色光为主体的客观存在，对于人则是一种视觉感觉，产生这种感觉需要以下几种必不可少的条件：一是光的作用。二是客观物体必须存在，并对光进行反射。三是视觉器官。四是色彩差异。即，不同波长的可见光投射到物体上，有一部分光被物体吸收，有一部分被光反射出来刺激视觉器官，经过视神经色彩的差异，然后传递到大脑，形成色彩的信息，这就是人对色彩认识的科学分析，也是色彩形成的理论基础（彩图 4）。

一、色彩的形成

（一）光

光、物、眼是色彩形成的基本条件，在这些基本条件中光最为重要，要寻求色彩的来源，还须从光的本质中寻求答案。光从物理属性上看，它是一种电磁波能量辐射，一部分被人眼所接受，并作出视觉反映，我们把这部分光称为可见光。

可见光主要有两种：一种是自然光，一种是人造光。自然光主要指太阳光，而人造光却有多种，如灯光、火光等。学习色彩一般以太阳光为主要的研究对象，因为太阳光所折射出的光波，偏色相对较少，是理想的光源。

可见光的波长通常是在 380 毫微米至 780 毫微米之间，只有这段波长的光才能引起色知感。如红色波长 700 毫微米，而紫色只有 420 毫微米，其他波长的电磁波是不被人眼所感知，通常称它为不可见光。如排在光谱以外的红外线和紫外线，人们就难以看到。各种光具有不同的波长，它对人的眼睛的刺激也有所不同，所以不同的光会产生明显的色差，道理即在于此。

（二）光谱色

可见光的波长决定光色的性质。牛顿

的折射实验，把太阳光分解成可见光谱，以红、橙、黄、绿、蓝、紫依次排列着，如果将这六种色光通过聚光镜加以聚合，得到的将是白色光，红、绿、蓝三色又可以混合出其他光色，通常称这三种光色为光色三原色，光色三原色与物质色料三原色（红、黄、蓝）正好相反，它们相加结果是黑色（彩图2、3）。

（三）物体色、固有色

我们对光有了一定了解后，就明白了物体对光有吸收、反射、透射的作用，而且各种物体对光具有选择性地吸收、反射、透射的特性。光若碰到不透明的物体，被反射出来的部分色光，这就是我们看到的物体色。如果一个物体反射所有的色光，那么该物体就是白色的；反之一个物体吸收所有的色光，那么该物体即为黑色。蓝色是物体吸收了蓝色以外的色光而反射蓝色光所致，红色是物体吸收了红色以外的色光而反射红色光的结果，其他颜色也是同理。以上我们所举的例子通常是在阳光的白色光照射下所产生的色彩现象，一旦常态光源（阳光）变为单色光源（如绿光），那么情形就大不一样。例如一张白纸，正常态光源下白纸仍是白纸，在绿色的光照下，白纸会呈绿色，变为绿色纸，这是因为白纸表面上有绿色光可以反射。因此，从这个意义上看，物体色具有可变的特征，也只是相对存在的。

固有色是人们对相对稳定的物体色的一种称谓，这种相对稳定的物体色泛指白色的日光下物体呈现的色彩感觉。由于白天都有阳光的照射，被物体反射的光形成先入为主的色彩感觉，故才有物体固有色的概念。科学证明了每种物体对光具有选择性地吸收、反射的功能，在相同的条件下（如光源、环境等因素）物体具有相对不变的色彩感觉，那些认为物体本身具有某种固定不变的颜色

的观点，科学上是解释不通的。但从物体的角度来说，物体的固有属性也不会因为光源的变化而产生本质变化，如红花绿叶的植物在红光下由于绿叶不具备反射红光的特性，会变成黑色，而红色在红光下色彩变得更红，此时的红花绿叶，谁也不会说是红花黑叶。因为绿叶是人们在常态光照下的视觉经验，就像人的皮肤、发色一样，不会因为随光色的变化而改变人们约定俗成的固有色概念。从这点上来说"固有色"的提法不无道理。人们在应用色彩时也习惯用"固有色"来命名色彩，如：烟灰色、咖啡色、米黄色等等。

光的作用和物体的特征是构成物体色的不可缺少的条件，一味的强调光的作用就是对物体色的否定，强调物体的特征而否定光的作用，这是忽视科学。对于"固有色"的问题也要正确对待，切勿从字面上去理解。

二、色彩的属性

自然界是个五彩缤纷的世界，据科学家的研究发现，色彩大约在200万种以上，而被应用的色彩却很有限，只占色彩体系中的一小部分。色彩从大类上分可分为二种色，即有彩色和无彩色。有彩色是指可见光的所有光谱色（红、橙、黄、绿、蓝、紫为基本色），而无彩色却不在光谱色之列（黑、白、灰为无彩色）。有彩基本色之间进行不同量的混合可以产生多种间色系列。有彩色与无彩色之间进行不同量的混合可以产生无数种色彩。凡色彩都具有三个基本的属性，即色相、明度、纯度，这三个属性也可称为三要素，它们是色彩应用的调节器，既有相对独立的特征，又有相互的联系，互为制约，离开了三个相互作用的色彩关系，就无法寻求色彩上的秩序。

（一）色相

即各种色彩的相貌、名称。它是色彩特

征的主体因素。从物理上色相的区分主要是靠波长，不同的波长可以分出不同的色彩，但人们不习惯用波长来区分色彩，都喜欢赋予一个名称或一种代号，如红（R）、绿（G）、蓝（B），就像给人取名一样。识别色相除了波长的因素外，其次是人视觉的综合分辨能力，对从事造型艺术的人来说，这种识别能力是可以通过专业训练获得的。区分色相间的差别只有比较，才能得出各种色相间的色彩区别。

用图表示色相的排列一般是把红、橙、黄、绿、蓝、紫等色相依次排列，形成一个封闭的环状，通常称之为色相环，还可以用十二色相、二十四色相环来表示色相排列关系（彩图5）。

（二）明度

明度是指色彩的明暗、深浅程度。黑与白的无彩色是明度的两极，如把黑到白按明度的梯级区分若干的级度，即得出明度系列，白色一端为高明度区域，黑色一端为低明度区域。

有彩色的明度从物理上看，光的辐射波越宽，色光的明亮度也越高，化学上的颜料色也同样，反射面越宽明度也越亮。单从色料上看，高明度的色（如白、黄等色），也可以提高明度。各种色彩的明度可以用黑白的明度关系来与之对应（彩图8、11）。

（三）纯度

纯度是指该色彩中它的单种标准色的含量高低，含量高的纯度就高，反之则低。对色光来说，反射的光波越单一，色光的纯度就越高，光波的干扰、混合越厉害，色光的纯度也就越低。影响纯度的高低还与不同的材质表面有一定的关系，我们经常会碰到喷墨打印时，同样的设备，普通打印纸远远比不上光面照相纸色彩鲜艳。还有很多材质表面，现有的工艺要使它发挥色彩的最高纯度是困难的（如棉麻、竹木制品、染色品或印

刷品）（彩图10）。

三、色彩三属性的关系及表示方法

（一）色彩三属性的关系

各种色彩间的明度和纯度是不尽相同的，明度最高为黄色，最低为青紫。纯度最高为红色，最低为青绿。可以通过下面的排列来看它们之间的数据关系：

色相	红橙	黄橙	黄	黄绿	绿	青绿	青	青紫	紫	紫红
明度	4	6	8	7	5	5	4	3	4	4
纯度	14	12	12	10	9	6	8	12	12	12

色相的转变是由色素混入种类和量来决定的，如红、黄、蓝三色相混（按一定的比例）会变黑，而红、蓝相加则会变成红紫色。如红加少量的蓝，会仍以红为主色，加大量的蓝色则蓝为主色。

明度与纯度有着不可分割的制约关系。

要使明度提高或降低纯度都会降低。如：红色加白，红变粉红，明度提高，纯度却降低；红色加黑变深红，同理纯度也降低。此外三属性从物理上讲，光源对其也有一定的影响。一种色相如红色：它的明度是4，纯度为14，这是在一种相对稳定的太阳光（日光）下的红色（称之为标准红色），如果是在阴雨天（日光）的光照下，由于云雾对太阳光的遮挡，光线减弱，此时的红色明度和纯度自然会变低。

色彩的三属性在应用过程中我们会发现不同的配置，其变化是无穷的，也只有通过实践才能加深对色彩三属性的理解。

（二）表示方式

1. 色立体的基本概念

前面我们谈到色彩三要素之间相互配置，可以产生无数种色彩变化以及相互间的变化关系，仅凭抽象性的文字表达和色彩认识实践，是无法科学化、标准化地去认识色彩的。虽然，早在18世纪欧洲色彩

学家就试图以图表式的色相环,把色彩进行科学分类,以使色彩变化"科学化",从而找出色彩间各种配色的一些规律。色相环对认识色相,表达多种色彩关系,有相当的帮助,但还不能把三属性(色相、明度、纯度)之间的关系,全面得以反映。后来的色彩学家经过研究实践,把色彩三属性通过立体的方式三维地展示了它们之间的关系,这种具有科学、系统、直观等特点的模型,我们称之为色立体。

色立体,顾名思义,即色彩的立体排列展示方式,以黑白两极为中轴,中间依次分布不同明度的灰色。色相以环状包围中轴,色相环表面各色与中轴无彩色连接,表示色彩的纯度,越靠近色相一端纯度越高,越靠近中轴一端纯度越低。色相环相对另一方为互补色。

色立体为色彩的三要素变化规律提供直观的视觉形象,它可以加深理解色彩的关系,便于学习和掌握。现在较具代表性的有三种:即奥氏色立体、孟氏色立体、日本色研色标体系。

2. 奥氏色立体

奥氏色立体是由德国化学家奥斯特瓦德于1921年创立的,他认为各个色都是由纯色、白、黑三种色彩元素按不同的比例混合而成的,它的公式为:纯色(C)+白量(W)+黑量(B)=100%(总色量)。

奥氏色立体由两个底面积相合的圆锥体组成,两顶点的连线为白黑(W~B)明度的中心轴,并将白黑之间明度分为8等分,代号分别用a、c、e、g、i、l、n、p 8个字母表示,这些代号以韦伯的比率为依据分别为:

符号	a	c	e	g	i	l	n	p
含白量	89.0	56.0	35.0	22.0	14.0	8.9	5.6	3.5
含黑量	11.0	44.0	65.0	78.0	86.0	91.1	94.4	96.5

再以垂直的明度中心轴为一边,作一等腰三角形,其顶点为纯色(C),这样就构成了色相三角形,把色相三角形旋转一周即为色立体(图5-1)。色立体的外圈是色相环,分别以黄、橙、红、紫、蓝、紫蓝、绿、黄绿这8个基本色彩为基础,再将8种主色再分3等分,形成24色相环,并用1~24数字符号来表示(图5-2),这样奥氏色立体可以标出672种色及其所在的位置,其表示方法是以色相数加上表示白黑量的符号,如20ig(20代表色相,第一个字母表示含白量,第二个字母表示含黑量)。通过色立体,即能查到20为绿色,i代表含白量为14.0%,g代表含黑量78.00%,按公式即100% − 14.0% − 78.0%=8%,从比率上可以看出这绿为深绿色。

奥斯特瓦德没有认定白与黑的纯度达到100%,白中含有11%的黑色量,黑中含有3.5%的白色量。

他还认为,要使两种颜色谐调,必须使它们在主要因素方面相等,也即只要浓度相等两种不同的色相就是调和的。但在色彩调和方面只强调浓度的因素是不够的,所以在运用上有一定的局限性。但由于此色立体是一种功能性强,简便的配色方法,在实际应用上带来了诸多方便。

3. 孟氏色立体

孟氏色立体是美国人孟塞尔于1905年创立的,它是目前国际上广泛采用的颜色系统。孟氏色相环有10个主色,即:红(R)、黄(Y)、绿(G)、蓝(B)、紫(P)5色,加黄红(YR)、黄绿(YG)、绿蓝(GB)、蓝紫(BP)、红紫(RP)5色。这10种色相,各色又分为10等份,以中间为色的标准色,共有100种色相构成孟氏色相环,色相环的直径两端是补色关系(图5-3)。

孟氏色立体标色方法是HY/C(色相、明

度/彩度），10个主要的色相，明度、纯度分别为：5红（R4/14）、5黄红（YR6/12）、5黄（Y8/12）、5黄绿（YG7/10）、5绿（G5/8）、5蓝绿（BG5/6）、5蓝（B4/8）、5蓝紫（BP3/12）、5紫（P4/12）、5红紫（RP4/12）。以5黄（Y8/12）为例：5代表黄色标准色，其Y为黄色的代号，8为明度，12为纯度。由于各色纯度阶段长短不一，致使该色立体的外形变化复杂（图5-4）。

孟氏色立体1929年和1943年经美国国家标准局和美国光学会两次修订，先后出版了两套样品，一套为有光泽的，共包括

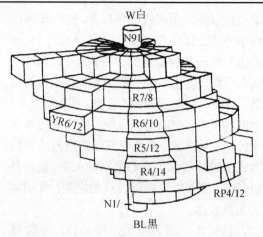

图 5-3

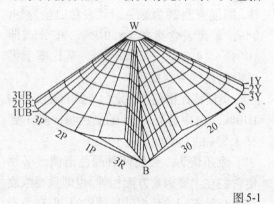

图 5-1

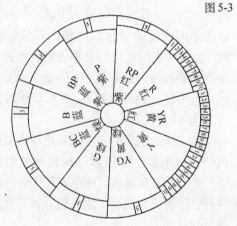

图 5-4

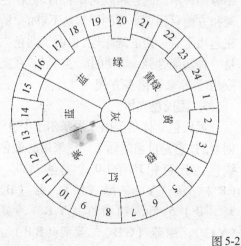

图 5-2

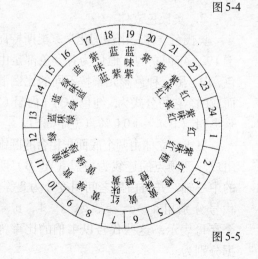

图 5-5

图5-1 奥氏色立体
图5-2 奥氏色相环
图5-3 孟氏色相环
图5-4 孟氏色立体
图5-5 日色研色相环

1450 块颜色，另一套为无光泽的，共包括 1150 块颜色，两套均附有中性灰色系列，在应用方面非常普及。

日本色研色标体系是在 1951 年由日本色彩研究所制定的标准色标，"色的标准"（图 5-5）（彩图 23）。所使用的色彩体系，这里就不一一介绍了，不管是奥氏、孟氏，还是日本色研色标体系，在某些方面有它一定的局限性，其功能也是有限的，在学习过程中要正确对待。

第二节　色彩研究

色彩的基本知识与原理构成了色彩研究的理论基础，一切色彩现象的产生没有理论指导，人们是无法解释的。色彩的理论对如何在应用时搭配好色彩，以使其具有和谐、统一的美感，也有着积极的意义，离开了这点，色彩的理论也就失去了它的指导意义和存在的价值。色彩的理论并不复杂，而色彩的运用却是千变万化，不同的调配组合可以产生丰富多彩的视觉美感。如用理论来解释，归纳起来无非是要处理好色彩对比与调和的关系。对比与调和可以说是产生色彩视觉美感的全部因素，是色彩应用的一对法宝。

一、色彩对比

色彩对比指不同的色彩摆放在一起，由于色与色之间相互影响、相互作用构成了色彩间的感觉差别，这种现象我们称之为色彩对比。在自然界中，任何色彩都不是孤立存在的，没有绝对的单一的色彩，即使同一种色，由于远近的空间关系，也会产生前后的色彩对比。只要是在空间环境中，色彩与环境就会发生关系，有时环境是决定色彩的主要因素，反过来个体的色彩也在不同程度上改变着环境的色彩。

各种色彩形状、位置、面积、色相、纯度、明度以及生理和心理效应的差别都能构成色彩间的差异，这种差异越大，对比的效果越明显，反之则越弱。色彩对比一般只在同一范畴、同一环境下进行。如色相只能与色相比，阳光下的物体只能与阳光下的物体相比，不然对比就无法成立。

色彩对比有多种类别，从色彩属性来看可分为色相对比、明度对比、纯度对比；从形态来看可分为面积对比、形状对比、位置对比、肌理对比；从生理和心理效应来看可分为冷暖对比、轻重对比、动静对比、虚实对比、进退对比等。另外还有同时对比、连续对比等。

（一）色彩三属性对比

1．色相对比

以色相环上的色相为依据，将任意两种或多种色相放置在一起，由此所形成的色相间的差别，被称为色相对比。

色相对比在三属性对比中，视觉效果最强，是最直接的对比。在对色彩还没有科学认知的时代，人们就会巧妙运用色相间的差异来装饰和美化生活。纵观历史，传统的配色形式中，色相对比运用可以说已到了极高的境界。如皇宫建筑、壁画、织绣图案、民间年画等普遍采用色相上的对比并取得了神奇的视觉心理效果，同时积累了使用色相对比的丰富经验。

色相的差别虽然与光波的波长有直接的关系，但不能完全凭波长来区别色相的差别，原因是光学物理上的色光现象与视觉感觉有时并不能完全相符，区别色相和色相的对比程度，往往色相环更能反映这一规律。

色相对比的强弱取决于色相在色相环上的位置，以 24 色相环为准，选取任何一色作为基色，都可以组成同类色、类似色、对比色、互补色等多种对比类别。

（1）同类色对比在色相环上是对比基色和邻近色的对比，从色环的角度上看是在15°以内的两色对比，同类色对比是色相对比最弱的，一般很难区别，往往会认为是明度上的变化，感觉单调。要使他们之间产生较好的对比效果，还须借助另二种属性对比。

（2）类似色对比，在色相环上是对比基色和邻近的2～3色对比，从色环的角度上看，是在60°以内的色相对比，类似色对比也是较弱的对比，但效果比同类色对比要明显些，由于他们色相类似，色调容易统一，色彩效果柔和。如果大面积使用同类色对比不掺进些明度和彩度对比的因素，色调会显得单一缺少变化。

（3）中差色对比，在色相环上是指对比的基色与相差4～6之色的对比（大概在90°以内），介于类似色与对比色对比之间，属中性对比。虽色相差异比较大，但仍在一个大色域之内，在对比的同时又保持了统一的优点，在现代设计应用中（尤其是在室内设计中），运用较为普遍。

（4）对比色对比，在色相环上是指对比的基色与相关8色左右之色的对比（大概在120°以内），是属跨色域对比，对比效果强烈，具有鲜明、华丽、饱满的色彩感觉特点，但在色彩配置上要考虑面积的对比，面积过于平均会给人以繁乱、不安之感。

（5）互补色对比，在色相环上直径两端呈180°直线的两色对比，在色相对比中属最强的对比，也是色相终极对比，具有活跃、鲜明、刺激等特点，适合于高速、远距离以及不安全场所使用。如小面积内使用要注意调和，以免不含蓄、不协调，流于幼稚（彩图22）。

互补色对比归纳起来大致有三组，即红、黄、蓝三原色与橙、绿、紫三个间色组成的互补对比，这三组既是色相对比的极端，同时红与绿、黄与紫、蓝与橙又是彩度、明度、冷暖对比的极端。

2．明度对比

明度对比是指两种色彩深浅层次的对比，从明度差别来看有两种情况，一是同一色相的明度差别（加黑或加白），一是不同色相之间的明度差别。由于明度差别有着不同的概念，所以明度对比形式也是多样的。

无彩色黑白在系列中级差可分为9级，将黑白的级差相混于某一色相中，也可以得出9个等级明度色标，据此，按明度基调把9个级差分为三组，靠近黑色为低调组（1、2、3），靠近白色为高调组（7、8、9），中间灰色为中调组（4、5、6）。明度差别的大小决定着明度对比的强弱，明度对比最强为黑白对比，最弱对比其跨度只有在3个级差以内对比（称之为短调对比），明度中对比是在5个级差以内对比（称之为中调对比），明度强对比是在6个级差以上对比（称之为长调对比）。若将明度级差三级作为基数进行自由组合，可得出10种明度调子，即：高长调、高中调、高短调、中长调、中中调、中短调、低长调、低中调、低短调、最长调。各组明度调子，都有其个性，适合不同场合、不同设计领域中使用（彩图43、45）。

明度对比在运用过程中也绝非只有这10种明度调子变化可以套用，不仿把这10种明度调子看成是基本调子，由这些基本调子，可以演化出更丰富的变化来。

色相间的明度对比相对黑、白、灰明度系列对比要复杂，比如黄和红两色对比，既是色相对比，又是明度对比；把黄和红同时加白或加黑，又会出现纯度对比的因素。所以在谈明度对比时，往往只谈单一色的明度对比，这样，便于理解和掌握。

3.纯度对比

纯度对比指色彩间鲜灰程度对比，对比的方式很多，可以是纯色与带灰色色彩对比（彩图35、44），也可以是各种带灰色色彩之间的对比，还可以是各色（鲜橙色）之间的对比。色彩纯度可以按照级差来区分，把某一纯度与无彩灰色按等差比例来相混，同样可以建立不同的纯色基调，如用9个等级来划分，1为最高纯度，9为最低纯度的话，那么1~3级则可组成高纯基调，4~6级则可组成中纯基调，7~9为低纯基调（彩图46）。

纯度对比的强弱是以纯度级差而定的，拿前面的9级纯度级差来讲，相差6级以上的对比是强对比，3级以内的对比可以看作为弱对比。孟氏色立体中把一个色分为10级，5为标准色（也是该色的最高纯色），像5R那样的色，纯度值为14，如与5BG青绿纯色（纯度值为6）对比可以看成是高纯度强对比，5G（纯度值为9）与5BG对比，则为高纯度弱对比。

另外彩度对比中面积大小也能构成对比的强弱。如，大面积的高纯度色与小面积的低纯度色对比，可以构成高强对比，反过来如大面积的低纯色与小面积高纯色对比，可以构成低强对比。

在彩度对比中，高纯对比效果鲜明，充满活力，具有强烈的对比性，容易引起注意；低纯对比效果柔和，基调丰满，又不失变化，久看耐人寻味；最强对比（指纯色与无彩色灰色对比），纯色更鲜，灰色更浊，如处理不好会出现过分刺激的视觉效果。

二、对比与视觉现象

视觉现象是由人的主观经验参予下对色彩的一种感觉判断，这种视觉现象一般是在色彩对比时产生的，每当不同的色彩放置在一起，不管是同时对比还是连续对比，会不同程度地产生错误的视觉判断（也称错视）。

（一）同时对比

将不同的色彩在同一空间、同一时间、同一条件下的对比，称为同时对比。同时对比有多种，即明度同时对比、色相同时对比、彩度同时对比等。各种同时对比都会产生不同的视觉现象，如同样明度的中性灰色放置在黑与白两块色内，黑色内的灰会显得亮些，而白色块内的灰会显得暗些，这就是明度同时对比的错视现象。把与上面同样的灰色放在红与绿两种色块内，此时红底色上的灰色会呈偏绿色倾向的灰，而绿底色上的灰色会呈偏红色倾向的灰（彩图34），这就是色相同时对比产生互补现象。如将同样的灰色放在纯色和浊色底子上，纯色上的灰色会变浊灰色，而浊色上的灰色会变成鲜灰色，这就是彩度同时对比的色彩平衡作用。

同时对比所形成的知觉现象，是由视觉生理所起的平衡作用形成的，人眼这种对色彩自我调节的功能，也只有在对比的情况下，才能发挥作用。所有的视觉现象（错视）的出现并非客观存在的事实。

（二）连续对比

连续对比与同时对比有所不同，连续对比指对比的对象是不在同一时间出现，具有一先一后的色彩对比的特性。如久看红色，当视线移开，此时红色会在视觉印象中停留片刻；看其他物体总是带有点红色残像，通常我们把这种现象称之为正残像。又如，在黑色纸上看到的绿色圆点，当视线转移到白纸上，此时白纸上会出现红点，这红点是绿点的补色，是眼睛在寻求视觉平衡的结果，我们称这种现象为负残像。负残像往往是在正残像之后产生的，这是视觉疲劳时的一种错觉反映，当我们了解了这一色彩对比的原理，应用时，就可充分发挥它的作用。

三、色彩调和

色彩对比是手段，色彩调和才是目的。不具调和性的色彩对比只能说是色彩的罗列，无法产生真正意义上的视觉美感。我们常听到人们对色彩的评价，"这色彩真美、真漂亮"，"那颜色真难看" 评价的好坏，其实是对色彩整体的评判，包括对色彩对比与调和的结果判断。当然对色彩的评价因人而异，没有统一的标准，也会因地域环境、风俗习惯、文化背景的差异而不尽相同。尽管如此，评判色彩还是有它规律性可循。原因有：其一，人来自于自然，自然界中物体的明暗、冷暖、光影、色调等的色彩变化和相互关系都有一定自然秩序，这种秩序会成为一种十分谐调的自然规律，人们会自觉或不自觉地把它作为评判的依据和审美的标准。其二，人们视觉生理和心理上对色彩有一种调和的需求，即对比过于强烈会太刺激，过于统一会觉得平淡，无生气。色彩搭配适中，能在视觉上求得平衡，这也是人们视觉感知的一种经验。另外，出于一种视觉的本能，从色彩视觉生理角度来讲，眼睛有种对色彩互补的需求，在色彩和谐的原则中互补色的规律起了非常重要的作用。

概括上述诸方面，可以得出调和的一些基本方法。

（一）统调调和

统调调和是利用色相、明度、彩度的三要素来统一调和。

1．色相统调调和

色相统调调和是利用色相来调和各色对比的不调和性，即在对比的各色中加入了同一色，使各色向同一的色相靠近，形成了相对同一的色调，就像舞台上的演出，原本五彩缤纷的舞台，在同一的灯光照射下（如蓝光），原先的色彩会被蓝色光所统一。色相统调，同类色、类似色容易调和，互补、对比色就较难统一，因为对

比两色混入同一色，色相会起变化，不一定就能调和，这时仍需用明度或彩度的调和办法解决。

2．明度统调调和

利用无彩色黑或白来调和对比两色。同时加白，会使两色提高明度，加黑便可降低明度。这样色彩的对比强度会减弱，感觉趋于平和，不会有强烈的刺激感，从而达到了调和的目的（彩图39）。

3．彩度统调调和

彩度统调调和，利用与对比色相近明度的灰色，相混于各色中，使对比两色的彩度同时降低，从而达到彩度融合，由于彩度降低原本对立的色彩，色相感减弱，变为低纯色相对比，调和感也是明显的。

4．背景调和

背景调和运用黑、白、灰、金、银色或某一色相作背景，通过点或线的间隙分割，将不同的对比色联系在一起，这种背景色能起到调和对比的作用。背景色越多，所起的作用越大，但它的面积不能超过对比的任何一色，不然就失去了调和的意义（彩图33、47）。

（二）秩序调和

秩序调和也有多种手法，常见的有渐变调和、比例调和和几何形秩序调和多种。

渐变调和是指在各色对比中采用色相、明度级差递增、递减的构成方法，取得色彩调和作用。渐变调和有色相渐变、明度渐变、纯度渐变、混合渐变等（彩图19-21）。

比例调和，对比两色面积比例以一种主导色为主，使其在力量上压倒对方。几组色对比也应以一组色为主，使其画面形成主从色调关系。冷暖对比，最好的调和方法是2/3暖、1/3冷或2/3冷、1/3暖的配色比例，都能起到调和的作用。

几何形秩序调和，按伊顿的色彩调和理论，将色相环上的色彩，作等腰三角形或等边三角形，再让其自由转动，均可以得到调和的色组。将色相环上的色彩按正方形或长方形指向任意四色，也可以得到四色调和色组。

思考与练习

1. 色彩是怎样形成的？

2．物体色与固有色的概念。

3．色彩三属性概念及相互的关系。

4. 在色相对比中寻找一组互补色对比，注意调和。作业大小在20cm边长正方形内，也可以用电脑完成。

5. 根据不同的明度级差对比，自由组合8组明度调子。作业大小在12cm边长正方形内。

6. 完成一组纯度对比。作业大小在20cm边长正方形内。

第六章　装饰形态构成的应用

装饰形态构成的应用非常广泛，作为一种实用性的艺术形态，它与人们的生活有着密不可分的联系，可以说涉及到人们衣、食、住、行各个方面。从装饰形态的应用范围来看，主要有建筑设计、环境设计（包括室内与室外环境设计）、视觉传达设计、工业设计、服装设计等多个领域。各个领域的装饰设计都有其自身的特点与规律，我们要讨论的是建筑室内设计的装饰形态特点以及构成的规律。

第一节　室内装饰形态的因素

要探究室内装饰的历史，首先要对建筑史进行了解。室内是建筑内部的空间，在一定的意义上说，建筑与室内是不可分的一个整体，室内是建筑的一部分，因此说室内的装饰也是建筑的装饰。如要细分建筑装饰，至少包括建筑的表面装饰与建筑环境的装饰两个方面，它们是构成建筑艺术完美形象的主要因素。人们可以透过建筑装饰感受建筑的精神性，不同时期、不同风格的建筑能给人以震撼，像我国明清时期的宫廷建筑、园林建筑，古希腊建筑，中世纪巴洛克、洛可可风格的建筑，在给人们带来震撼之余，也令人感受到建筑装饰带来的无穷魅力。如果把这些建筑装饰的因素剥离出来，那么这些优秀的建筑还会剩下些什么？还能给我们带来什么样的艺术享受呢？

一、传统建筑室内装饰形态的因素

中国传统建筑室内装饰的因素有个显著的特点，就是必须符合建筑造型的风格特点，不同时期的建筑室内装饰在风格倾向、形态内容上都有所不同。如商周时期的兽面纹，秦汉的享乐宴饮、出行百戏，隋唐的莲纹卷草、佛物道释、骑射歌舞、异方风物，宋元的花草动物、人物故事、神怪传说等，在建筑装饰中都有不同程度的反映。明清的建筑室内装饰空前讲究，装饰题材也更加丰富，风格逐渐向繁缛、工密转变，到了晚清更甚。

在封建社会，装饰形态受制于建筑物的用途和等级。室内装饰的形态与其他的传统装饰纹样有相似的结构和内涵，同样反映了不同历史时期的审美时尚和精神追求，同时也反映了等级观念，有些形态慢慢成了某个阶层使用的特指（如龙纹在古代象征帝王），受到封建社会礼仪的制约。

就装饰对象来看，建筑室内装饰的范畴很广。有建筑物本身的装饰（如地面、墙面、屋顶、房梁）；有专门分割空间的照壁、屏风、回廊、女墙、花窗上的装饰；也有居室内的家具、装饰物品及生活用品的装饰（如，家具上的围板、背靠、扶手；墙上的壁画、壁饰；地面上的地毯、器皿；灯具的装饰）。从广义上来看，建筑环境的装饰也是按形态构成的方式，穿插配置而成。如古代的造园艺术中讲究"曲径通幽"，叠山理水时对石头的选择讲究"瘦、皱、漏、透、丑"；对水体的布局讲究"以聚为主，以分为辅";更有像"前庭不种桑,后园不插柳"这类树种形态选择上的规矩。

从一般的规律来看,室内装饰也有较稳定装饰手法。梁柱、枋额等多以彩绘装饰(彩图99~101);门、窗、隔断一般以拼装雕刻的方式;墙面则以镌镂雕磨手法来处理(彩图67、113)。当然装饰手法也会根据不同的建筑功能,不同的建筑风格(如宫廷建筑、庙宇建筑、私家宅院建筑)而有所区别。

反过来,装饰手法对建筑风格的形成也起到了影响作用,如南方地区木材资源丰富,以木雕装饰见长是浙江、福建、广东等南方地区建筑的基本特色;徽派建筑以木雕、石雕、砖雕"三雕"装饰见长;山西、陕西的塑作均对建筑装饰风格产生广泛的影响。又如彩绘装饰,它对宫殿、庙宇以及园林等建筑的特殊风格也起了相当的作用。

二、现代室内装饰形态的因素

现代室内设计中装饰形态的因素,与传统建筑室内装饰形态的因素相比,无论是装饰的意义,还是装饰形态本身的概念,都有明显不同。现代室内装饰注重的是设计要与人的生理功能相适应,特别强调人性化设计,而传统建筑室内装饰更多的是对文化气氛的追求,强调建筑精神性的因素。

现代室内设计强调装饰构件在形态、质感、色彩、肌理、光影效果上的综合处理,充分显示了高科技生产带来的成果(彩图90~93)。从形态上分析,更注重几何形态在空间中的运用,体现了装饰时代性,即使是传统或民族的装饰手法,也都是依据室内空间的形态特点运用传统或民族的装饰语汇进行装点,使传统、民族的装饰设计更具现代特征。

室内设计的装饰因素除用于室内空间的装饰设计外,更多地体现在室内陈设物设计上,陈设物在现代室内设计中占据重要地位。从种类上分,除了建筑内部空间构架外,其余我们都可以称之为室内陈设物(彩图96),它包括家具、壁饰、地面装饰物、室内纺织品、灯具等。

在各类陈设物中,家具的应用范围最为广泛,也是室内环境最主要的组成部分,它的造型风格直接影响着室内设计的基本格调,决定着室内设计风格特征。现代家具设计,由于受西方现代设计思潮的影响,室内设计追求简洁、明快的风格,摒弃了传统的复杂装饰纹样,取而代之的是几何形的造型,与室内空间形态相适应的几何形家具是现代的家具新潮流。在现代工业的影响下,由于新材料、新工艺、新技术不断更新,也促使了家具在风格、样式上不断变化,在注重造型变化的同时更多地关注人类的生活状况和生存环境变化,使家具装饰性与功能性融为一体,形成了新的装饰风格和装饰思想。

第二节　室内装饰形态的应用

一、平面装饰

在室内环境装饰中可分为平面装饰和空间装饰两个方面。平面主要指室内空间的各界面,如顶棚、地面、墙面等。

（一）顶棚

顶棚是内部空间构成的终极限定要素,它与地面形成对应平行面,顶棚在地面的上部,人对顶棚的注意要比地面集中,由于视线遮挡少,对整个环境的影响也比地面显著。顶棚的装饰面,形态一般都不复杂,但不同区域、不同功能的顶棚还是有较大的区别。如:大厅、门厅、廊道是建筑物的交通枢纽,是入门的第一印象,常常是整个建筑

物的精华所在，该部位的顶棚装饰尤显重
要，处理得好坏直接关系到整个建筑的整体
形象，因而成为许多建筑室内设计的重点。
大厅、门厅、廊道的顶棚常常运用空间层次
的错落、折叠、波折来丰富上部空间造型，
色彩比较统一。传统建筑的顶棚造型变化也
很丰富，装饰多以彩绘见长，如传统的藻井
图案(彩图63~66)，是中化民族的艺术精粹。

（二）地面

地面是以存在的周界限定一个生存的场
所，它是构成室内空间的基本要素，地面
最先为人们的视觉所感知。它的色彩、质
地、形状、图案能直接影响空间环境的气
氛。装饰手法主要是通过不同材质的拼装
组合，形成平面的装饰效果。如木板、大理
石、地砖等均可以得到较理想的拼花（纹）
图案（彩图70~79）。

（三）墙面

墙面是内部空间实际限定要素，它是
空间垂直组成部分，作为室内陈设和人物
的背景。一般不做过多装饰，处理手法更多
的是对墙面作视觉上的分割，使单一的平
面形态产生变化，墙面的肌理处理能让空
间环境营造出一种古朴自然的美感。另外，
墙面的壁画、浮雕以及挂饰均是墙面装饰
的因素。

二、空间装饰

在室内空间中，装饰因素很多，如隔断，
它不隶属于室内空间实体结构构件，而是分
隔空间或室内外过渡空间的装饰构件。有玄
关、屏风、博古架以及纤维帘等，不同的造
型、色彩、纹样营造不同的风格和气氛，充
分发挥其装饰的功能。

在建筑构件中也有不少装饰形态的因
素，如传统建筑的梁架、斗栱、襻间，其结
构和装饰的双重作用成为室内艺术形象的一
部分，各类木造窗扇、隔扇门、罩、门扇花
格，在现代综合式风格环境设计中应用得比
较多。它立足于民族优秀文化和艺术表现形
式，追求现代时尚潮流，造型简洁，个性化
明显，手法上采用抽象的点、线、面、体等
表现形式，这种风格多为现代都市时尚一族
所接受。西方式的室内装饰形态（即欧式的
风格），属传统欧式风格的，其中最具代表
性的有罗马式、哥特式、巴洛克、洛可可等，
整体造型高贵典雅，富丽豪华，具有很强的
艺术性。

思考与练习

1. 传统室内装饰形态有哪些特点？
2. 简述现代室内装饰风格与流派。
3. 试设计一幅室内装饰图，作业大小以 A4
为宜，电脑、手绘均可。

参 考 文 献

1.[日]朝仓直巳著 林征、林华译.艺术·设计的平面构成.北京：中国计划出版社，2000
2.辛华泉著.形态构成学.北京：中国美术学院出版社，1999
3.楼庆西著.中国传统建筑装饰.北京：中国建筑工业出版社，1999
4.冯健亲主编.色彩.南京：江苏美术出版社，1994
5.马高骧、王兴竹编著.现代图案教学.长沙：湖南美术出版社，1998

		无彩色	有彩色　纯色									向上＋加白—向下＋黑；清色．最下阶段有浊色		
明色（高明度）	10	■												
	9						■							
	8	■				■		■						
	7	■			■									
中明度	6	■		■					■					
	5	■	■							■				
	4	■									■			■
暗色（低明度）	3	■										■	■	
	2	■												
	1	■												
	0	■												
色相			品红(M)	红赤(R)	红橙(RO)	橙(O)	黄(Y)	黄绿(YG)	绿(G)	青绿(CG)	青(C)	青紫(CP)	紫(P)	赤紫(RP)
浊色														

无彩色与有彩色·纯色相同明度关系　　1

[注] 如紫（P）的明度低应下移至2格灰内

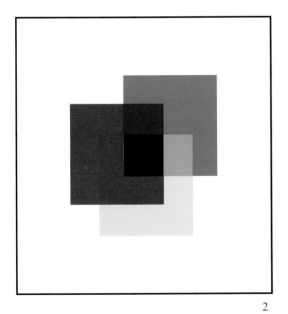

2

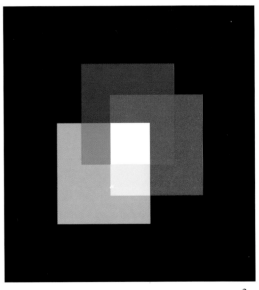

3

1　无彩色与有彩色·纯色相同明度关系
2　减法混合
3　加法混合

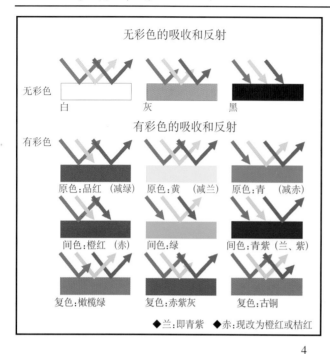

无彩色：白，全反射；灰，半反射半吸收；黑，全吸收

（实际上不可能，有一定比例）

有彩色：品红（长波和短波相叠）；黄（长、中波相叠）；青（中波与短波色光相加）

橙红（中、短波吸收，长波反射）；绿（长短波吸收）

青紫（短波反射）

复色：橄榄绿（长波半反射）；赤紫灰（绿半反射）；古铜（赤紫半反射）

4

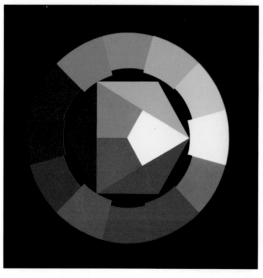

5

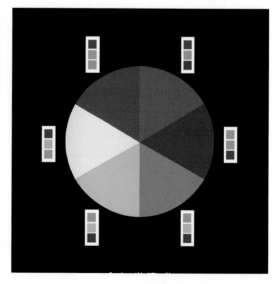

6

4　光与颜色的关系

5　以减法三原色为基础衍生出六基本色，相混为12色环

6　色知觉图式

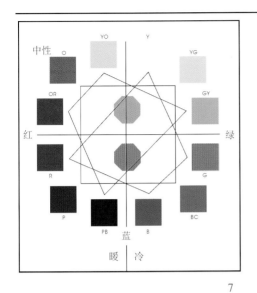

7

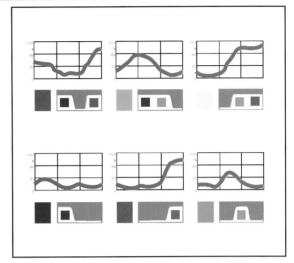

8

	颜料三原色（减）
	二次色（间色）
	光的三原色（加）
	二次色（间色）

9

7　色彩冷暖图式
8　明度图式
9　色彩三属性·色相

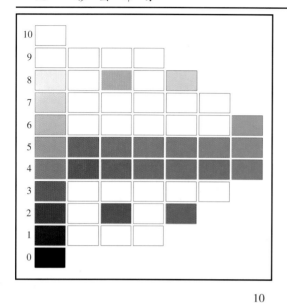

10

<table>
<thead>
<tr><th colspan="2"></th><th>无彩色系列</th><th>有彩色图例</th></tr>
</thead>
<tbody>
<tr><td rowspan="4">高明度</td><td>10</td><td></td><td></td></tr>
<tr><td>9</td><td></td><td></td></tr>
<tr><td>8</td><td></td><td></td></tr>
<tr><td>7</td><td></td><td></td></tr>
<tr><td rowspan="3">中明度</td><td>6</td><td></td><td></td></tr>
<tr><td>5</td><td></td><td></td></tr>
<tr><td>4</td><td></td><td></td></tr>
<tr><td rowspan="4">低明度</td><td>3</td><td></td><td></td></tr>
<tr><td>2</td><td></td><td></td></tr>
<tr><td>1</td><td></td><td></td></tr>
<tr><td>0</td><td></td><td></td></tr>
</tbody>
</table>

11

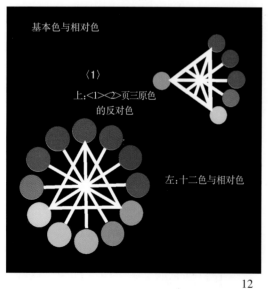

12

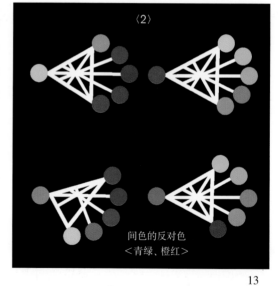

13

10 纯度·青的纯度颜色

11 有彩色图例与无彩色系列比较

12、13 基本色与相对色

14

15

16

17

18

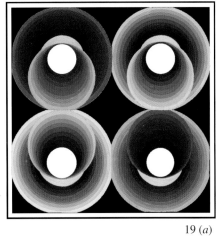

19 (a)

14	全彩	17	同类
15	中纯	18	对比推移
16	低纯	19 (a)	色相明度推移

19 (b)

20

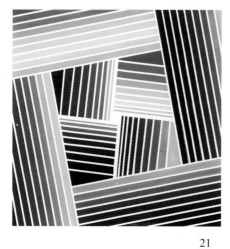

21

22

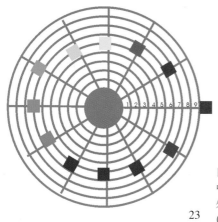

23

日色研的色立体的俯视
中灰为明度系列
外轮色彩是色的纯色做为彩度
（纯色与相等明度相混合）阶段的参数

19 (b)　明度推移　　22　两极与互补
20　纯度推移　　　　23　色立体俯视图
21　色相推移

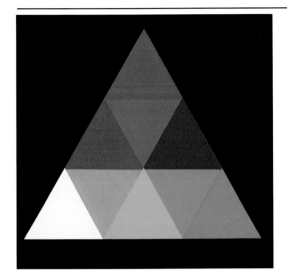

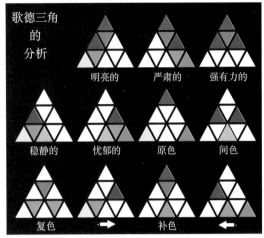

24 (a)

24 (b)

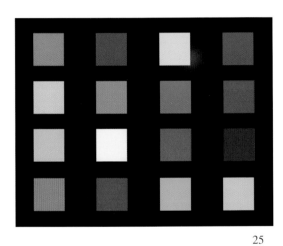

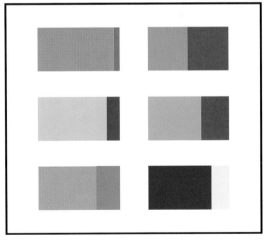

25

26

24 (a)　歌德三角　　　　　26　歌德色平衡面积比

24 (b)　歌德三角的分析

25　色彩的前进与后退

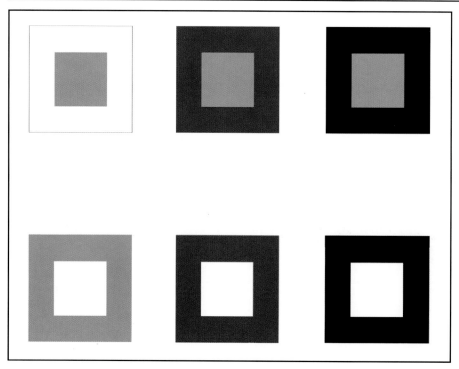

27

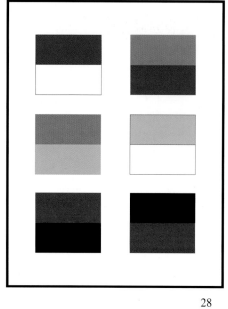

28

29

27 无彩色明度对比
28 有彩色与无彩色对比
29 有彩色明度对比

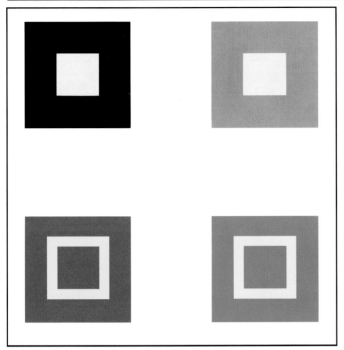

30

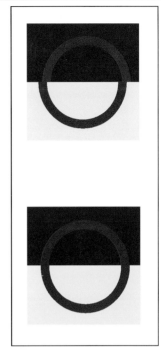

31

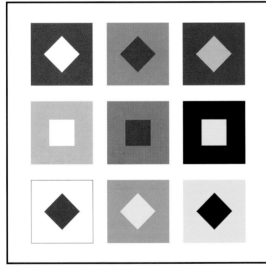

32

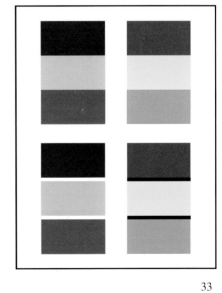

33

30　色彩面积对比　　　　33　色相对比与调和
31　色彩错视现象
32　色彩错视现象

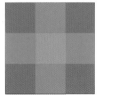

34

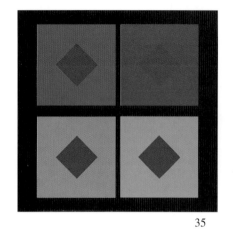

35

37

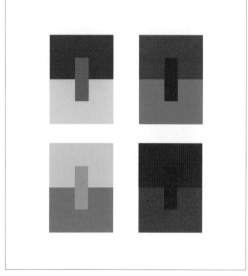

36

38

34 色彩错视现象　　　37 鲜调

35 纯度对比　　　　　38 暗调

36 色彩错视现象

39

40

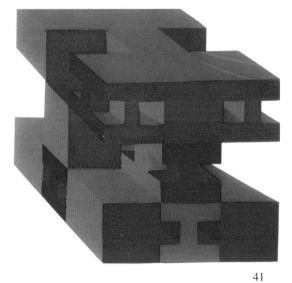

41

42

39 浅灰色调构成练习　　42 暖色调构成练习

40 低纯色调构成练习

41 纯色调构成练习

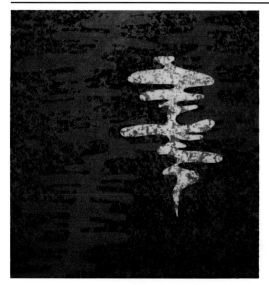

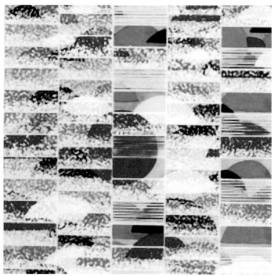

43

44

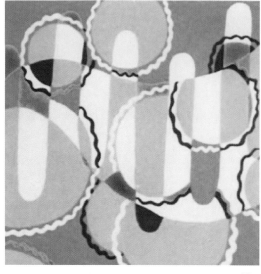

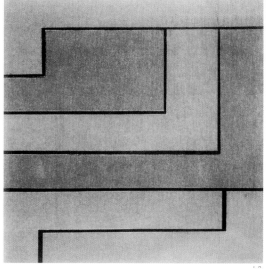

45

46

43　明度对比（低长调）　　46　纯度对比（低纯对比）

44　纯度对比（鲜灰对比）

45　明度对比（高中调）

47

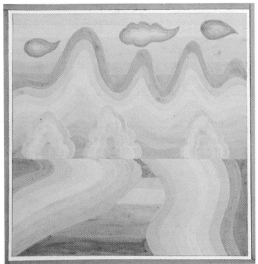

48

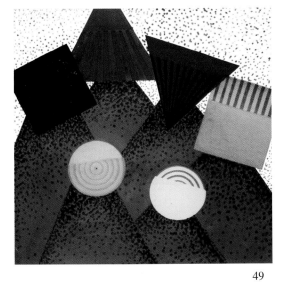

49

50

47　对比调和

48　邻近色色彩推移

49　色相对比构成练习

50　纯度对比构成练习

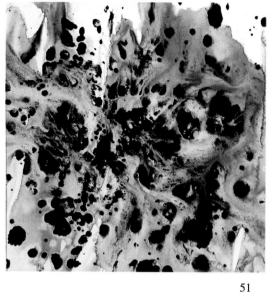

51

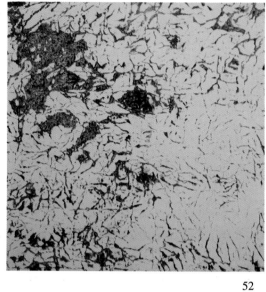

52

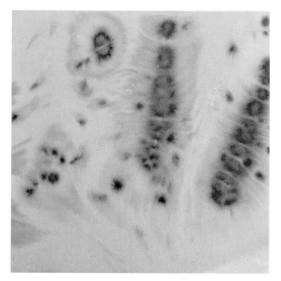

53

54

51　滴流法肌理效果　　　54　滴晕法肌理效果

52　压印法肌理效果

53　晕彩法肌理效果

55

58

56

59

57

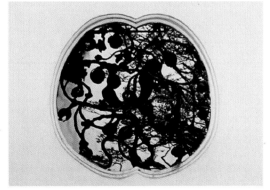

60

55～60　各种透窗造型

61

64

62

65

63

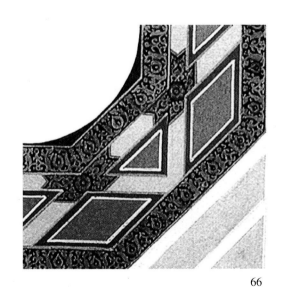

66

61~62　透窗造型
63~66　各种藻井图案

67

68

69

67~69　各种墙头装饰

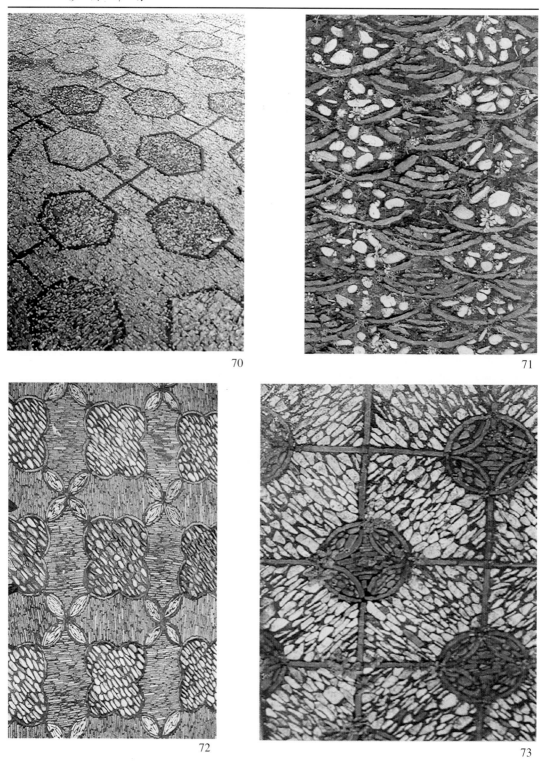

70

71

72

73

70~73　各种地面装饰

74

75

76

77

78

79

74~79 各种地板拼花装饰

80

81

82

83

80~83　室内空间装饰

84

85

86

84~86　现代室内装饰

87

88

89

87~89   现代室内装饰

90

91

92

93

90~93　现代室内装饰

94

97

95

96

98

94 少数民族居室装饰 97 "三味书屋"摆设
95 安徽民宅堂屋装饰 98 浙江民宅门饰
96 园林建筑室内摆设

99

100

101

102

99~101　古建筑各种彩绘装饰

102　少数民族建筑室内装饰

103

104

105

106

103~106   各种欧式门饰

107

108

109

110

107~110　各种欧式门饰

111

112

113

114

111~114 中国园林艺术形态

115

116

117

115~117　现代城市环境艺术形态

118

119

120

121

118~120 色彩在城市设计中的运用

122

123

124

125

122~124　色彩在房屋设计中的运用
125　色彩在工厂设计中的运用